幸福
文化

氣味覺察

以嗅覺之鑰打開改變人生的香氛密碼，
重整身心能量、人際關係、空間氛圍，開啟宇宙智能！

陳美菁 Kristin Chen
——
著

目錄

引言｜氣味，開啟生命覺察的起點 …… 22

CHAPTER. 01
氣味覺察與空間氛圍管理思維

氣味覺察與空間氛圍管理的關聯 …… 32

｜面向一｜啟動多維覺察 …… 34
- 你有多久沒「感動」了？ …… 36
- 嗅覺是人類與動物感知世界的關鍵感官 …… 40
- 嗅覺是你連結世界的橋樑 …… 43
- 如何重新找回被忽略的感官？ …… 51

｜面向二｜健康促進 …… 56
- 心理影響生理，環境影響心理 …… 58
- 讓健康變成一種選擇，而不是努力 …… 61

｜面向三｜人際共感 …… 63
- 讓空間氛圍成為語言，幫助自己與世界連結 …… 65

｜面向四｜永續環境 …… 69
- 空間氛圍不該是冰冷的，而是有生命的 …… 71

CHAPTER. 02

日常生活裡的品味練習

從日常生活打造各種品味能力 ⋯⋯ 76
品味能改變你的生活，更是展開旅程的鑰匙 ⋯⋯ 78
  1. 品水：喝水也能品味？水的細節藏著健康密碼 ⋯⋯ 79
  2. 品鹽：鹽不就是鹹的嗎？也能品味嗎？ ⋯⋯ 83
  3. 品油：怎麼挑選？好油品的條件有哪些？ ⋯⋯ 87
  4. 品醋：讓日常飲食更有層次，探索嗅覺味覺 ⋯⋯ 91
  5. 品可可：打開感官，探究各種風味與愉悅感受 ⋯⋯ 97
  6. 品咖啡：體驗風土、烘焙帶來的香氣變化 ⋯⋯ 99
  7. 品茶：一場與自己對話的茶香旅程 ⋯⋯ 102
  8. 品酒：感受酒液中的故事和情緒 ⋯⋯ 104

CHAPTER. 03

從人體到外在空間的能量調頻

認識空間能量調頻 ⋯⋯ 110
  ・為什麼需要「頻率感知」？ ⋯⋯ 111
  ・空間氛圍與人的關係 ⋯⋯ 113

- 從個人的小空間調頻開始改變 ⋯⋯ *115*
- 大眾對於「調頻」可能有的誤解 ⋯⋯ *116*

人體就是能量場，你的頻率決定了磁場 ⋯⋯ *121*
- 從古印度阿育吠陀七脈輪認識人體的小宇宙空間 ⋯⋯ *122*
- 活在當下，是療癒和轉化的核心 ⋯⋯ *124*

七脈輪的思維關鍵字與相關疾病 ⋯⋯ *127*
- 頂輪 ⋯⋯ *128*
- 眉心輪 ⋯⋯ *131*
- 喉輪 ⋯⋯ *134*
- 心輪 ⋯⋯ *136*
- 太陽神經叢 ⋯⋯ *139*
- 臍輪 ⋯⋯ *142*
- 基底輪 ⋯⋯ *145*

脈輪與二十八種香氣的共振 ⋯⋯ *148*
- 快樂鼠尾草 ⋯⋯ *150*
- 澳洲尤加利 ⋯⋯ *150*
- 玫瑰 ⋯⋯ *150*
- 黑胡椒 ⋯⋯ *151*
- 羅馬洋甘菊 ⋯⋯ *151*
- 佛手柑 ⋯⋯ *152*
- 純正薰衣草 ⋯⋯ *152*
- 永久花 ⋯⋯ *153*
- 玫瑰草 ⋯⋯ *153*
- 玫瑰天竺葵 ⋯⋯ *154*
- 甜馬鬱蘭 ⋯⋯ *154*
- 茶樹 ⋯⋯ *154*

- 薄荷 …… 155
- 乳香 …… 155
- 大西洋雪松 …… 156
- 沒藥 …… 156
- 絲柏 …… 157
- 薑 …… 157
- 甜橙 …… 158
- 檸檬 …… 158
- 迷迭香 …… 159
- 沉香醇百里香 …… 159
- 茉莉 …… 160
- 葡萄柚 …… 160
- 肉桂皮 …… 161
- 甜茴香 …… 161
- 丁香花苞 …… 162
- 檜木 …… 162

二十八種香氣能量複合配方 …… 163

CHAPTER. 04

認識香調與香氣的力量

關於觸動人心的調香 …… 170
- 香氣是文化，也能帶你探索和連結 …… 171

七種常用香調 …… 176
- 花香調 …… 178
- 柑橘調 …… 179
- 藥草調 …… 180
- 木質調 …… 181
- 樹脂調 …… 182
- 東方調 …… 183
- 清新調 …… 184

CHAPTER. 05

用嗅覺改變世界，我的香氣革命之路

推廣氣味覺察，為不同領域帶來改變 …… 188
- 氣味覺察，讓你發現自己與他人的頻率 …… 189
- 氣味覺察，讓你重新遇見美好的自己 …… 190

- 氣味覺察，讓你看待事物不再流於表面 —— *192*
- 氣味覺察，讓你向內探尋和表達自身感受 —— *193*
- 從個人到空間的氣味覺察，使其成為「空間氛圍力」 —— *195*
- 一抹香氣的感染力，竟讓建案超前完銷 —— *197*
- 來自診所的驚人反饋——氣味改變了情緒 —— *198*
- 氣味的改變為長者帶來療癒，和無聲的理解 —— *200*
- 讓天然香氛成為意識的覺醒，和豐沛的語言 —— *203*
- 來自氣味覺察的禮物——三個核心行動力 —— *204*

CHAPTER. 06

三十天的氣味覺察練習 ——身心靈覺醒版

氣味覺察的三十天練習日記 —— *210*
來自氣味的禮物：八款香氛御守 —— *244*

1. 平安香氛御守 —— *245*
2. 健康香氛御守 —— *245*
3. 幸運香氛御守 —— *245*
4. 愛情香氛御守 —— *246*
5. 學業香氛御守 —— *246*
6. 工作香氛御守 —— *247*
7. 金錢香氛御守 —— *247*
8. 人緣香氛御守 —— *248*

推薦序

The olfactory sense is the most important, yet often underestimated, of all our senses. Scents possess a unique power; they are the lingering whispers of flowers and plants, connecting us deeply to the essence of nature. Each fragrance tells a story, evoking memories, emotions, and experiences that can transform our perception of the world. In a fast-paced, modern society, we often overlook the healing and restorative qualities that fragrance can bring to our lives.

Now more than ever, we need passionate teachers and skilled perfumers who understand the profound impact that scent can have on our well-being and our environment. Kristin stands as a beacon of inspiration in this realm, dedicating her life to exploring and sharing the incredible potential of fragrance. Her work in writing and teaching not only educates others about the art of perfumery but also emphasizes the importance of reconnecting with nature and ourselves through scent.

I am immensely proud of Kristin and her commitment to this craft. With her insights and guidance, readers will embark on a fragrant journey that promises to heal and uplift, reminding us all of the beauty that scent can bring to our lives.

Creezy Courtoy

Char, International Perfume Foundation

www.perfumefoundation.org

推薦序

　　嗅覺是我們所有感官中最重要、卻常常被低估的一種。氣味擁有獨特的力量——它們是花草植物呢喃的耳語，引領我們深刻連結自然的本質。每一種香氣都訴說著故事，喚起記憶、情感與經驗，這些都能轉化我們對世界的感知。然而在這個節奏飛快的現代社會裡，我們往往忽略了香氣所帶來的療癒與修復力量。

　　如今，我們比以往任何時候都更需要熱情的教育者與具備專業素養的天然香氛調香師，他們理解香氣對身心健康與環境所產生的深遠影響。Kristin 正是這個領域中的靈感指引者，她將生命奉獻於探索與分享香氣的無限潛能。她的寫作與教學，不僅讓更多人認識香氛藝術，更強調我們必須重新與大自然、與自己透過氣味建立深刻連結。

　　我對 Kristin 的堅持與奉獻深感驕傲。她的洞見與引導，將帶領讀者展開一段充滿香氣的療癒旅程，提醒我們：香氣能為生命帶來無盡的美好。

謹致敬意，
Creezy Courtoy
法國 IPF 天然香氛基金會 創辦人主席
（Chair, International Perfume Foundation）

推薦序

I am pleased to write this review for my colleague, perfumer Mei-Ching Chen, on the release of her latest work. She carries forward, with honor and dedication, the cultural and olfactory promotion on behalf of our esteemed organization, which represents not only the craft of the perfumer but also the mission of all those who choose to celebrate nature and its many fragrant nuances. These values must be passed on to future generations, regardless of cultural or geographical differences, in order to nurture awareness of our senses and foster a love for all that is genuine.

Professor Chen is a point of reference for those who wish to explore the world of fragrance and deepen their emotional understanding of sensory perception.

Kind regards,
Marco Bazzara

我很高興為我的夥伴陳美菁女士撰寫這篇推薦文字，祝賀她最新作品的發表。她以榮耀與奉獻的精神，持續推動我們所共同效力的法國 IPF 天然香氛基金會的天然香氛文化與嗅覺教育推廣使命。這不僅代表了調香師的專業工藝，更承載著那些選擇頌揚自然及其無數芳香細節之人所共同秉持的使命。

　　這些價值應當被傳承給未來的世代，無論文化或地理差異為何，皆為了喚醒我們對感官的覺知，並培養對真實、美好事物的熱愛。

　　陳美菁女士是一位極具參考價值的存在，對於那些渴望探索香氛世界、並深化對感官知覺與情感理解的人來說，她是重要的引領者。

謹致敬意，

Marco Bazzara

義大利香水學院院長（Italian Perfumery Academy Director）
嗅覺訓練師（Sensory Trainer）
IPF 2024 國際調香師冠軍（IPF 2024 Winner Perfumer）

初見美菁老師是十四年前的時候，那時她已經是位有名氣的精油調香師，透過授課傳達天然香氛的感知及其重要性。當時她告訴我一個秘密，原來美菁老師有嚴重的鼻竇炎，鼻子常常不通而影響嗅覺的能力，可是她卻能夠感知到精油香氣的味道及能量，真是奇蹟。

　　除了之前的著作，近期更提出空間氛圍管理的四大面向思維，來探索「多維覺察」、「健康促進」、「人際共感」、「環境永續」四大面向。美菁老師已經不是十四年前的精油調香師，懷抱著強烈守護地球的使命感，讓她成為對有社會責任的「空間氛圍管理大師」。

彭麗娟／鋒魁文化集團 創辦人、董事長

　　四十歲那年，我在咖啡店裡構思一項創意，並等待一杯手沖精品咖啡。當品飲一口咖啡的同時，嗅覺味覺一起作用，我竟能感受到一股微妙的情緒從咖啡中傳來──那是沖煮者當下的心情：也許是平和、也許是略帶憂思。這樣的感知並非來自語言，而是氣味所傳遞的能量。這讓我意識到，嗅覺不只是辨認香氣，更能讀懂情緒與氛圍。《氣味覺察》正是一本引領我們重新學習「用鼻子感受世界」的書，它提醒我們：氣味是一扇門，通往更細緻的覺知與更深層的自己。

林金龍／鋒魁文化集團執行長

推薦序

香味之外～天然香氛還有的多元世界

　　過去的我，對香氛、香水的領域，只聚焦在獨有的、愉悅的香味上的追求。因緣際會認識陳美菁老師，她師承法國 IPF（International Perfume Foundation）推動的是從永續角度調香。天然香氛調香與一般調香的主要區別在於所使用的原料、製作方法以及它們對環境和人體健康的影響。

　　追隨美菁老師學習調香，一路從嗅覺訓練到調香師，顛覆了我原本對調香的認知。2024 年底與美菁老師討論，設計一款「南島花語」除了用了九種天然精油並加入萃取東山咖啡的香味，連結在地，台南晶英大廳空間藉由「嗅覺記憶」為旅人開啟難忘的旅宿體驗。這個理念與調出的香味，也讓我們得到法國 IPF 2024 New Luxury Awards 空間香氛的冠軍。

　　一路的探索也發現，調香不只是香味，也可以是調出心情與能量。今年在美菁老師的鼓勵下，我也調出一款用今年的心情「畫出」的香水，名為「Fresh Horizon 無垠新境」入圍了法國 IPF 2025 New Luxury Awards 學生調香獎。

　　誠心推薦給對於進入天然香氛有興趣的朋友們，可以透過美菁老師這本《氣味覺察》探索不一樣的「大健康」香氛多元世界。

李靖文／晶華國際酒店南部區域副總裁、台南晶英酒店總經理

在美菁老師的帶領下，認識了芳香療法的應用，尤其是精油在心靈及情緒上的影響。這是一種無形的催化劑，簡單的在空間裡噴灑，就能改變氛圍。印象最深的，就是在診間的應用，一開始先使用一些比較有淨化或消毒效果的精油，比如茶樹或尤加利等，但發現效果不彰，可能是因為醫院裡本來就充滿了這種消毒液的氛圍，所以起不了作用。而人們到醫院就診時常常會有緊張及焦慮的情緒，為了緩解這種感覺，加了花調性的精油，例如洋甘菊、薰衣草及天竺葵，達到柔化及穩定患者的情緒，使焦慮程度降低，更能理性思考自己的病情。利用簡單的香氣，創造一個正向氛圍的空間，讓醫病環境更友善。

陳瑩盈／醫師

　　這本書是台灣首度以嗅覺開發為主題，兼具理論與實踐的專業著作，填補了對嗅覺應用的空白。若你真心渴望突破現況、釋放內在潛能，這本書將是你無可取代的指南。

李明憲／國立東華大學教育與潛能開發學系教授

氣味，是生命覺醒的起點，也是一種直達靈魂的療癒語言。從香蕉、巧克力引發的多巴胺，到柑橘、茉莉、薄荷、森林中散步與烘焙氣息所帶來的愉悅、安定與幸福感，嗅覺不只是生理感官，更是改變情緒、重塑記憶的力量。《氣味覺察》帶你探索香氣如何穿透感知，連結空間、情緒與生命力，喚醒對美的感受力，也療癒日常的疲憊與混沌。

這不只是一本氣味的書，更是一場回歸本心、重建生活氛圍的旅程。如果你正尋找一個轉變的契機，請相信從一縷香氣開始，人生可以重新綻放。

施俊偉 ／ 建築師

想要改變自己，讓人生有所轉變，「覺察」絕對是轉捩點和關鍵點！「覺察」的途徑有許多種，而透過「嗅覺」去觀察和感受就是其中一種。如果你個人對於氣味特別敏銳或特別喜好，也許「氣味覺察」能成為你讓自己和人生越走越好的方法之一。

王旭亞 Jelly Wang ／ C-IAYT 瑜珈療癒師

年前我在澳門的診所與陳美菁老師合作，開發多款結合芳療與臨床需求的專屬產品，針對痛症、乳腺保健、睡眠與血液循環等狀況，搭配診所空間與患者實際使用情境，達到良好輔助效果。陳老師對氣味與情緒調節間的神經連結有深刻理解，我們都深信「情緒影響身體，氣味引導情緒」，而她設計的芳療配方，也實際支持了病患身心症狀的改善。《氣味覺察》展現香氣在醫療照護與自我覺察中的應用潛力，是臨床工作者與關注身心整合者值得一讀的跨領域著作。

杜詠文／醫師

　　《氣味覺察》從全新角度開啟我們對於香氛的新視野！從吸入香氣的瞬間，觸發我們的情緒、記憶以及感官的悸動，從而帶來一種無形的「影響判斷的力量」。作者陳美菁老師，以她多年的實務經驗，以及累積的工作案例，不僅能協助每個人以氣味尋找內在的自我，讓身心靈的成長提升到一個新的層次。再進一步，更能夠擴大協助企業與品牌，以氣味打造全新的五感體驗，創造與目標消費者之間，情感的觸發與實質的連結！

楊佳璋／台灣設計聯盟 榮譽理事長

推薦序

嗅覺是人體的感官前線，當我們進入一個空間，或接觸新的物品、食物，嗅覺時常為第一個傳遞給我們的訊息，也是安全的第一防線。在品水時，水的氣味也是品水師判斷水源品質的重要指標！

在《氣味覺察》書中，透過美菁的帶領，我們可以從品水、品油、品醋等各種品味的角度來與嗅覺連結，強化生活中的體驗與品味，拓展「聞」的領域，幫助我們重新了解氣味帶給身心的感受！書中的香氣能量配方，也能協助我們調整環境氛圍與自身狀態。讓我們透過氣味覺察練習，一起增強自己的敏銳度，提高生活中五感的覺察，讓香氣陪伴與療癒我們的身心。

陳君潔／國際品水師

觀光業者眼中的嗅覺革命

《氣味覺察》是一本融合感官覺察與人文觀點的書籍，陳美菁老師以獨特的嗅覺洞察，引導我們理解氣味如何形塑記憶、情感與品牌認知。在我與老師多次合作中，她總能將抽象的香氣轉化為有溫度的體驗語言，讓觀光空間充滿靈魂。這本書啟發我重新思考「氣味」在觀光服務與品牌設計中的關鍵角色，推薦給每一位在意生活質感的讀者。

楊錚如／力麗觀光 董事長

作者序

推廣天然香氛，
是我從不動搖的初心

我始終相信，「天然香氛之美」能夠淨化人心。自然界中，每一朵花、每一片葉子、每一縷氣息，都是大自然無聲的療癒者。當天然香氛進入空間，它不需要言語，就能轉化氛圍、安定情緒、連結人心。這是天然香氛最純粹、也最強大的力量。

這本書，是我的第六本著作，卻是我認為最「貼近生活也最靠近靈魂」的一本。它彙整了我這些年從嗅覺、空間、藝術到能量工作的體悟與實踐，也記錄了我在不同文化與場域中，與人們相遇、陪伴、創作的氣味軌跡。

多年的香氛創作旅程，讓我深刻體會：天然香氛的氣味不只是療癒工具，它是一種支持系統，協助我們在變動不安的世界中重新站穩內在。當我們用心去感受氣味，不只是與環境對話，更是與自己的情緒、能量、選擇產生連結。我常常看見人們在聞香的瞬間落淚，那不是香水的魔力，而是氣味喚醒了深層記憶，鬆動了壓抑的情緒，也提醒我們：感受力，就是力量。

香氣，是看不見的藝術。我曾為飯店、建案、診所、學校、展覽等場域設計香氛。每一瓶氣味，都是替空間與人之間「量身訂製的靈魂對話」。但香氣真正的力量，並不只存在於空間中，而藏在每一個日常片刻——喝一口水、煮一道菜、手中一滴精油，

作者序

都是讓我們重新與身體與情緒對話的機會。當我們的感官甦醒，我們也才真正活在自己的生命裡。

這些感官的練習，這些空間的轉化，也終將回到「能量」與「頻率」的選擇。透過對應身心的香氣配方，我們能穩定情緒、轉化狀態，走入更穩定而明亮的自己。而這一切，不只是為了自己過得更好，更是為了打造出能承載他人、影響社會的能量場。香氣，最終也成為一種無聲的形象語言——你選擇什麼香，就選擇了你希望如何被世界感受。

這些年，我也將台灣的天然香氛文化帶往世界，在歐洲與亞洲各地推動天然香氛的教育與國際認證。我深信：天然香氛是能超越語言的文化共感。它能在不同民族之間架起理解的橋梁，也能喚起人心中最柔軟、最深的感動。這本書，是天然香氛設計的紀錄，是我與世界對話的方式，是一段感官藝術與靈魂實踐交織而成的生命筆記。

我想將這本書，獻給每一位渴望活得更有感受力的人。願你透過氣味找到自己內在的節奏、喚醒內在的使命感，找到來地球的目的，願你在感官甦醒的路上，走得溫柔但堅定。願你在人生某個轉彎時，因為一縷香氣而再次相信：美與連結，永遠存在。

這條路從不容易，但每一次被感動的瞬間，都值得我繼續走下去。哪怕這條路需要十年、二十年，我依然會一步步推進，期待天然香氛的永續傳承，能夠實現我的夢想——蓋一座天然香氛博物館，讓氣味的藝術、文化與記憶得以保存與流動，成為這個時代留給未來的感官禮物。

最後，我要感謝這一路上支持我的家人、師長、學生、企業合作夥伴，特別感謝我在天上的父親，他一生鑽研東方風水與能量之道，讓我自幼沉浸於這樣的場域中。這份耳濡目染，使我對空間氛圍的感知，不只是興趣，而是與生俱來的天賦。以及那些在生活中與我擦肩而過、卻曾因香氣而與我產生共振的每一個人。是你們，讓我堅信這條氣味之路不只是個人的選擇，而是一場共同的文化實踐與心靈工程。

讓我們一起，用天然香氛溫柔地改變世界。

本書作者
陳美菁 Kristin Chen

作者序

香氛會靠近人，
但留住人的，
是氛圍的溫度與共鳴。

引言

氣味，開啓生命覺察的起點

　　生命的蛻變，總需要一個契機，我的契機是從一抹香氣開始的。二十歲那年，發生一場突如其來的罕見免疫系統疾病、全身性血管炎，醫生警告我，若病情無法控制，我將活不過三十歲。這個消息打亂了我原本熟悉的一切。我不得不離開醫護體系裡安穩的工作，面對一個連自己都感到陌生的身體。那段時間，我每天得靠二十顆類固醇才能維持基本的生命機能，同時面對不孕的診斷，未來似乎像一條斷裂的路，怎麼走都是黑暗。那是一段，連呼吸都疼痛的日子，身體的劇變、死亡的陰影，讓我陷入徬徨與無助。在那樣的絕望裡，我幾乎忘了什麼叫做「感覺」。

學習嗅覺療癒後，
找回內心安定和新的生活方式

　　直到有一天，一縷天然的香氣悄悄靠近，就是那麼一瞬間，有股柔軟又堅定的力量，穿過了我內心所有的封閉與疲憊。我永遠記得，第一次聞到乳香精油的當下，眼淚像洶湧的海潮般止不住地流下來。那不是單純的香氣，而是一種無聲的擁抱，讓我在茫茫人海中，第一次感覺到：「我不是孤單的。」那一刻，我突然明白了─透過香氣，我還能感受到「美」，那是感動的覺醒，自此成為我的重生起點，並且開始探索感官的力量。我發現，嗅覺是所有感官中最貼近情緒與記憶的通道。但真正能喚醒一個人內心的，不是感官本身，而是透過感官感知到的「美」。

　　爾後，我開始學習「嗅覺療癒」，並透過芳香療法找回了一絲內在安定。這場疾病，成為我人生轉變的契機。「改變你的思維，才能改變你的行為。」這個領悟，不僅讓我戰勝病痛，也讓我從氣味覺察，一路深入到研究「空間氛圍管理」的影響力，並且進一步發展出一套以多維感官訓練、健康促進、人際共感、環境永

續為核心的新奢華生活方式（New Luxury Lifestyle）。只要使用得當、時常練習及應用，不只是個人受益，甚至能為群體、環境帶來強大影響力。

這是我曾經親身經歷的痛，也是我從生命淬鍊中領悟出的禮物。我想把這份禮物，交給每一個正在尋找的人。如果你準備好了，就讓我們一起，從氣味開始，發現真正的自己。

改變人生的香氣之鑰

氣味，打開了我的感官；美，打開了我的內心；當內心被喚醒，便能在生活中看見藝術，看見靈魂的流動。從那一刻起，我知道人生不只是為自己而活。我深信，我是為了傳遞天然香氛之美而來，是為了幫助更多人打開感官，喚醒對美的感知，在氣味中找回自己，並且喚醒初心，找到自己來到這世界的理由。

這二十多年來，我從氣味覺察出發，致力於將天然香氛導入生活與空間氛圍管理，從飯店、餐飲、療癒空間、企業形象，到品

氣味，開啟生命覺察的起點 ✦ 引言

牌行銷，甚至人際溝通，香氣已經不只是嗅覺體驗，而是跨領域的影響力。嗅覺可以改變一個人的心情，**氣味與空間的共振，可以改變一個人的內在狀態、生命狀態，形成「氛圍力」，利用外在環境來引導內在狀態的轉變**。我們每天所處的空間，其實無時無刻都在釋放訊息：香氣、光線、色彩、植物、動線……每個細節，都在與我們的情緒、能量、靈魂對話。香氣是一種無形的語言，能直達內心，這種「體驗的記憶」、「心理的連結」，甚至可以成為「改變人生的觸發點」

當我們有意識地營造空間氛圍，其實就是為自己的情緒與靈魂建造一座可以安心棲息的場域，不只是設計美學，更是一場內在頻率與外在世界同步共鳴的修煉，它是無聲卻極具力量的引導，能夠塑造我們的行為、決策與情緒，甚至影響整個生命軌跡，只要我們願意有意識地營造空間氛圍，就能帶來改變的力量。

這本《氣味覺察》記錄了我從氣味中重生的旅程，也記錄了從感官覺醒到空間氛圍管理這段蛻變的過程。它不是一本教你成為調香師的工具書，也不是一本理論說明書。它是一份邀請——邀

請你，從一縷天然香氣開始，打開感官，遇見美，打開內心，在生活中體會藝術，在空間氛圍裡感受靈魂，最終，找到屬於自己，來到這個世界的答案。

轉念，即轉變——
從一抹香氣開始，重塑生活與未來

自 2007 年 iPhone 問世後，科技大幅改變了人類的生活，如今，ChatGPT 與 AI 人工智慧崛起，更顛覆了許多人的溝通方式，也開啟了全新的未來篇章。在這樣的變局下，空間氛圍的影響力變得更加重要。不論是品牌、企業，甚至個人領域，人們已開始關注：如何透過氣味、光線、聲音、色彩與場域設計來影響行為與決策？如何透過「氛圍力」、「感官經濟」打造獨特的品牌體驗？如何讓環境不只是背景，而是驅動幸福與成功的動力？當我們學會與環境共鳴，便能掌握感官經濟的核心，讓空間成為能量轉換的場域，甚至在各個領域帶動無限商機與永續價值。

天然香氛的跨領域應用——
用香氣打破界線

氣味的影響力有多大？它是一種跨感官的記憶、一種文化的橋樑、一種情感的觸媒。這些年來，我始終不滿足於「香氛」的單一應用，而是積極將它帶入不同領域：

- 嗅覺形象管理，幫助個人與企業打造專屬「氛圍名片」。
- 空間氛圍管理，設計專屬香氣，為飯店、企業、餐飲與療癒空間創造獨特體驗。
- 味覺 × 嗅覺的體驗設計，結合天然香氣與食材，為餐飲品牌開發特色風味。
- 結合心理學與人際溝通，讓氣味成為情緒療癒與關係橋樑。
- 導入 ESG 與永續概念，推動新奢華生活方式（New Luxury Lifestyle）。

然而，真正讓我進入能量領域的，是我與斯拉彌老師的相遇。機緣巧合下，開始學習能量訓練，並逐步成為氣息智能師、植萃智

能師，同時領悟宇宙能量與頻率共振的核心。在疫情期間，我將植物能量應用於身心修復，並進一步透過與法國 IPF（Internationa Perfume Foundation）天然香氛基金會的合作，取得了香水治療師（Perfumotherapy）資格。在斯拉彌老師的引導下，我更進一步成為「空間氛圍管理顧問」，這不僅是一系列角色的轉變，更是我在探索過程中，找到讓身心靈快樂的新方式。

用香氛創作，打造永續與友善環境──來自台灣蝴蝶王國的啟發

台灣素有「蝴蝶王國」之稱，擁有超過四百種蝴蝶，曾是世界上的賞蝶天堂之一。然而，隨著都市化與環境變遷，蝴蝶的棲地逐漸消失，許多原本常見的物種，例如台灣黃蝶、青帶鳳蝶，已難以尋覓。這讓我開始思考──如果我們能創造更多永續的香氛花田，不只讓空氣充滿天然的美好氣息，還能成為蝴蝶與蜜蜂的重要棲息地，讓大自然與人類共存共榮。因此，我的香氛創作不僅強調氣味體驗，更優先選擇永續耕種的植萃，推動「香氛 × 環境保護」的概念，讓氣味成為一種環境友善的力量。因為我深信，

當我們愛護環境，環境也會回饋給我們更純淨的空氣、更豐饒的土地，甚至是更豐盈的內心。

放眼全球，讓氛圍力成為未來的競爭力

2024 年，我很榮幸獲得「法國 IPF 天然香氛空間調香世界冠軍」（NEW LUXRY AWARDS 2024），這份榮耀不僅是成就，更代表空間氛圍管理正式被世界看見。「空間氛圍不只是裝飾，而是改變生活、經營企業、塑造未來的策略。」如果您有緣翻開這本書，我希望帶領您透過「氣味覺察」進入空間氛圍管理，進而找到：

- 透過氣味覺察，穩定情緒，重塑記憶。
- 透過空間氛圍管理，改變空間氛圍，創造幸福。
- 透過感官覺醒，喚醒生命力，走向永續未來。

讓我們一起探索，如何透過氣味覺察與空間氛圍管理，找到安定身心與環境的力量，創造美好的感官經濟時代。

氣味覺察與
空間氛圍管理的關聯

在這個不斷變化的世界裡，我們每個人都在尋找方法，好讓生活在動盪中依然穩定、在變局中依然從容。多年的探索讓我發現，氣味覺察和空間氛圍不只存在於物理環境，還深深影響我們的情緒、思維與心靈。包含兩個層面：

「氣味覺察」是透過嗅覺去感知空間中的無形線索，例如情緒、能量、記憶、人的流動與場域的狀態。這種覺察力，不只是感官的敏銳，更是一種「閱讀空間」的能力。產生覺察力之後，透過氣味設計、光線、聲音、顏色、動線等手法，主動打造符合目的與情感訴求的空間體驗，即為「空間氛圍管理」。綜觀來說：

01 氣味覺察與空間氛圍管理思維

- 沒有氣味覺察，就無法精準掌握空間狀態
- 沒有空間氛圍管理，覺察就只是感受而無法改變現狀

　　氣味覺察是診斷，聆聽空間的心跳，空間氛圍管理是處方，幫空間調頻呼吸。而空間氛圍管理可以幫助我們重啟生活可能性的重要工具。我將空間氛圍管理整合為「多維覺察」、「健康促進」、「人際共感」、「環境永續」四大面向，這不僅是一套方法，更是一種生活哲學，我們學習感知與調整，就能讓生活的每處空間都成為支持，從而提升我們的內在力量與外在關係。多維覺察，幫助我們重新發現空間中的細節，激發感官的敏銳；健康促進，讓空間成為我們身心靈修復的港灣；在人際共感中，空間拉近了人與人之間的情感距離，讓彼此更能感同身受；而在環境永續中，空間不再只是消耗資源的容器，而是成為與自然共生的場域。

　　這些年來，我在自己的生命旅程中深刻體會到，透過氣味覺察學會管理空間氛圍管理後，不只讓環境變得美好，更找到內心的安定、重啟對生活的熱情，並活出真正屬於自己的價值。我相信，每一個人都可以透過這樣的方式，讓生活更加豐盛且有意義，並在快速變化的世界中，找到平衡與力量。

面向一
啓動多維覺察

> 多維感官啟動 × 空間氛圍管理
> ＝擁有選擇的力量

　　接下來，我會針對空間氛圍管理的四個面向做更詳盡的說明，幫助讀者了解各個影響的層面。多維感官啟動加上空間氛圍管理的終極目標是——讓人人擁有「選擇的力量」，在資訊過多的時代，我們每天都要做選擇，許多人反而陷入「選擇障礙」之中，別小看無法果斷做決策這件事，久而久之會帶來做選擇的壓力，甚至因此感到焦慮與無力感，這一切皆源自於資訊過載、感官鈍化以及空間氛圍對人的決策影響。現在的我們身處資訊過載的社

氣味覺察與空間氛圍管理思維 01

會氛圍裡，長期被視覺、聽覺、嗅覺等感官刺激轟炸，卻忽略了「感官的覺察力」才是真正影響自己掌握選擇權的關鍵。

嗅覺連結情緒，讓我們能快速進入專注或放鬆狀態；聽覺影響心理，辨識語音中是否有欺騙人的資訊，進而避免被話術操控；視覺細節觀察力則能幫助我們識破環境中隱藏的暗示，做出更理性的決策。觸覺與空間感知更是我們與環境的真實連結，它讓我們在進入陌生場域時，能用直覺判斷這個環境是否安全、可信。若能透過「多維感官訓練」來提升自身對於環境的敏感度，不僅有助於察覺細微的情緒變化，還能提高對資訊真偽的判斷力，避免落入被動接受的陷阱。

「空間氛圍管理」能影響心理與行為，目的是為了讓空間裡的人們身心更平衡，並具有無形且強大的影響力，進一步撼動人們的決策模式、情緒穩定度與安全感。而空間氛圍管理的本質，並非只是創造一個美的空間、提供一種「感覺」，而是透過精心設計的感官體驗，幫助人提升決策能力，讓環境成為推動個人成長與安全感的支點。例如：學會分辨天然香氛及化學香氛的差異，

就有助於選擇對環境及健康有益的產品。練習品水的基本能力，就能選擇適合自己的飲水並了解自己的健康狀況。又例如學會品鹽及其他食材，藉此品嚐出食物原味的鮮度及等級，進而選擇相對優質的食物。像這類的感官訓練與學習，可以潛移默化並靈活運用在日常生活裡，只要養成時時覺察的習慣，就能逐步練習如何快速做選擇。

「多維感官覺察」可以應用在職場、家庭、商業空間乃至城市規劃中，藉由人們的認知選擇打造出整體環境的狀態，這就是掌握「空間氛圍」的目標。**打造環境者或是環境裡的每位成員，一旦擁有多維感官的認知並啟動它，就能引導人們做出正確選擇，排除不必要的干擾、不被外在環境無形掌控，打造出提升幸福感與生產力的場域，從中找到屬於自己的方向與力量。**

你有多久沒「感動」了？

蔣勳老師在《美的覺醒》書中強調，透過感官體驗，讓人重新感受世界的細膩之美，美是什麼？「美」常常停留在一種感覺的

01 氣味覺察與空間氛圍管理思維

狀態。所謂的「感覺」是指「我感受到了」，這與多維感官開發及空間氛圍管理有著深刻連結。當感官被喚醒，我們能更清楚地感受空間的能量，並透過設計氛圍來調節情緒，使環境成為支持內在覺察與幸福感的場域。一首扣人心弦的歌曲，一抹感動人的香氣，一絲溫暖人心的光線⋯⋯，唯有把感官打開了，才能有所感覺，進而感動。可惜的是，現代人的感動太少，以至於無法體會箇中力量有多強大。《康健雜誌》在 2015 年 4 月的月刊報導中提到，科學家指出「自然、藝術和信仰都能激起感動、驚嘆和敬畏的情緒」他們進一步發現，這些良好的情緒能降低發炎因子的濃度。其中，「敬畏」與好奇心、探索慾望有關，能激發積極心態，不論是看一部電影解悶、看一幅畫轉換心境、聽一首歌取得共鳴等，這些因為感官帶來的正向感受，有助身體免疫力提升，換句話說，只要打開感官就能發現世間的美與智慧，這也正是現代人缺乏的寧靜和靜觀專注的能力。但我們可以透過「品味」各種事物，以及學習「慢下來」，慢慢喚醒我們原本就擁有的能力，進而感受空間氛圍，甚至改變空間氛圍。

感官的覺察與開發是每個人都需要的訓練，在古埃及文化中有

個著名圖騰——「荷魯斯之眼 Eye of Horus」，此眼睛的圖騰由六部分組成，分別代表感官知覺：嗅覺（1/2）、視覺（1/4）、思維（1/8）、聽覺（1/16）、味覺（1/32）、觸覺（1/64）。其中，嗅覺占最大比例（1/2），由此可知「嗅覺」在人類感知中的核心地位。嗅覺直接影響記憶與情緒，能喚起深層感受，並與健康、行為決策密切相關，是影響心理與生理狀態的關鍵感官，只是容易被人們忽略。從古至今，有視力保健、聽力保健等感官訓練及保健方式，但對於嗅覺的保健及訓練卻是少之又少，也因 Covid-19 疫情的緣故，當時不少確診的人們有嗅覺喪失的後遺症，這才讓嗅覺開始受到重視。近幾年，也漸漸發現嗅覺之於人類的重要性，除了呼吸及分辨氣味外，對於情緒、記憶以及方向引導、人際社會階層等都有相關連結，包含氛圍感知也是透過嗅覺感知而得，這種感知能力需要長期的訓練。

嗅覺的強大力量

嗅覺訓練並不是要讓每個人都成為緝毒犬，而是學習掌控它，因為嗅覺的確影響著我們的人際關係、情緒、記憶，甚至包含方向感與人生選擇。嗅覺是最不受大腦理性控制的感官，當我們開

氣味覺察與空間氛圍 管理思維 01

始喚醒嗅覺，也就開啟了自我覺察的旅程。透過自我覺察，我們逐漸調整內在的能量，而這股能量其實源自於過去的記憶和感覺。當我們將這些感覺堆疊在大腦中，進而形成潛意識，會影響一個人的行為及選擇。

在人與人的相處中，情感的聯繫往往來自彼此散發出的「氣味相投」。這種氣味交織出各種情感，不論是親情、友情，還是愛情皆是如此，也與人際關係有著緊密連結。然而，在人類文明發展的過程中，嗅覺常被誤認為是最低等的感官。像是有些人從小被教育，在他人面前不應隨意聞東聞西，因為這樣讓人覺得像小狗，或是被視為不禮貌的行為。隨著時間的推移，我們逐漸將嗅覺關閉，只用它來呼吸或簡單地辨別氣味，目的僅是區分香與臭。因此，人類對嗅覺的探索極其有限，許多相關理論與機制尚未被完全證實，這方面的研究和探索也屈指可數。一方面是因為嗅覺感官不被重視，另一方面則是由於嗅覺的量化難度極高，因為它是一種極為私密且主觀的感受。

值得慶幸的是，二十一世紀後，人類對於情感與靈性的覺醒越

來越深刻。自古以來，無論是哪種宗教，與神的連結或與靈性有關的活動中，香氣總是扮演著重要角色，透過嗅覺與香氣的氛圍來與神靈或靈性產生連結，一直是人們熟知且使用的方法。氣味分子存在於空氣中，我們雖然看不見、摸不著，但卻能清楚地感知到它的存在。這就如同世界上許多我們無法看見或觸摸的事物，雖然無法直接感知其形體，但我們依然知道它們真實地存在著。

嗅覺是人類與動物感知世界的關鍵感官

之前進行法國 IPF 嗅覺訓練師的培訓時，我對嗅覺的認知有了更深層的體悟。嗅覺不僅是一種感官知覺，更是我們與世界建立聯繫、理解環境、感受情緒與生存適應的重要機制。而這種能力，從生命誕生的那一刻起，就已根植於我們的本能之中。

剛出生的嬰兒，最先認識世界的方式並非透過視覺，而是透過嗅覺。新生兒辨識的第一個氣味，就是母親的氣味，這股熟悉的味道會引導他們找到安全感，影響他們對外界的行為反應。母親

氣味覺察與空間氛圍管理思維 01

不僅透過基因遺傳給孩子，也通過氣味傳遞情感與記憶。這也是為什麼「親餵母奶」可以為孩子帶來安全感的主要因素，透過擁抱孩子，母親的味道會給孩子滿滿的安全感。科學研究證明，嬰兒的嗅覺是他們最敏銳的感官，比成人更加靈敏。嬰兒能感受到我們早已習以為常、甚至無法察覺的微妙氣味。出生後短短幾天內，嬰兒就開始透過氣味認識母親，並對這股熟悉的味道產生依戀。不到兩週大的新生兒，便會自動靠向母親的氣味，這股氣味的吸引力甚至超越了視覺，證明嗅覺在生命初期的重要性。更令人驚奇的是，嬰兒雖然無法用語言表達感官體驗與情緒反應，卻能透過呼吸頻率與心跳的變化表達對於氣味的反應。當他們嗅到熟悉的氣息，身體便會放鬆，感受到安全；而當氣味陌生或不熟悉時，他們可能會產生焦躁或抗拒的反應。從這點來看，**新生兒幾乎是用鼻子來「看」世界的**，而這種嗅覺引導的機制，也在動物界中扮演著關鍵角色。

動物如何用嗅覺存活？

在動物界，氣味不只是用來嗅聞，更是生存的依據。動物聞到氣味時，必須立即識別並分析來源，以決定下一步行動。牠們會低頭嗅聞地面，尋找食物、辨識獵物，或是察覺掠食者的威脅。這些氣味訊息，與視覺結合後，便形成牠們對生活環境的認識。動物也透過氣味來交流，甚至決定彼此之間的關係。許多哺乳動物可以透過氣味辨識物種、性別、個體身分，甚至對方的健康狀況或情緒變化。例如，馬與狗可以透過嗅覺感應人類的恐懼與焦慮，這也是為什麼當人感到害怕時，某些動物會做出警戒甚至攻擊反應。也不難理解在古裝劇裡，馬兒能感受到馬背上主人的情緒狀態，因此只要騎馬之人產生情緒，馬兒也會因為此人身上散發的氣味做出相對應的情緒反應。對於野生動物來說，嗅覺的精準度決定了牠們的生存機率。每當夜晚來臨，視覺就會受限，氣味成為主要的導航工具，能幫助牠們避開危險、尋找食物。動物還能透過氣味判斷領地的邊界，確定哪些區域屬於自己的勢力範圍，或是偵測異性是否適合交配。例如，大猩猩會用嗅覺來選擇食物，甚至利用某些植物來治療自己。而鯊魚則能在超過一公里外嗅到微量的血腥味，這種強大的嗅覺能力讓牠們在海洋中成為頂級掠食者。

嗅覺導航與氣味記憶──動物的「隱形地圖」

不僅是哺乳動物,鳥類也依賴嗅覺來辨識環境與方向。風中的氣味會為牠們提供關鍵資訊,使牠們在腦中形成一幅熟悉氣味與風向的心理地圖,幫助牠們在遷徙時找到正確的路線。更令人驚嘆的是蜜蜂的嗅覺能力,蜜蜂擁有極為敏感的嗅覺,甚至比人類強一百倍!牠們的觸角上有一百七十個氣味受體,遠超過果蠅(六十二個)與蚊子(七十九個)。透過這些強大的氣味感應器,蜜蜂能夠在飛行中偵測到極微量的氣味,迅速鎖定富含花粉的花朵。蜜蜂的嗅覺不僅能幫助牠們覓食,也能讓牠們辨識彼此、確保蜂群的組織運作。當蜜蜂偵測到適合的花朵氣味後,牠們的超敏嗅覺系統會立即處理這些資訊,確保牠們找到最有效率的採蜜目標。

嗅覺是你連結世界的橋樑

從前文可以得知,無論是人類還是動物,嗅覺都是最古老且最強大的感官之一。它不僅影響記憶與情緒,更直接關係到我們的行為模式與生存策略。動物透過嗅覺尋找食物與保護自己,人類嬰兒透過嗅覺找到母親,更藉由嗅覺建立記憶、形塑情感,甚至

影響我們的決策與認知。

當我們開始覺察到嗅覺的力量，就會發現它不只是日常生活中的一部分，還會影響身心健康、空間氛圍與生存本能的關鍵要素。嗅覺，不只是感受世界的一種方式，它更是一種無形的語言，一條連結生命的橋樑。

在推廣與教學的這些年，隨著芳香療法越來越普及，我發現許多人往往只專注於精油的療效，例如薰衣草有助於睡眠、薄荷可以提神醒腦等，常常有學員在上課的時候問我，什麼精油可以處理什麼樣的症狀？我只會先回答：你聞過了嗎？你喜歡的是什麼味道？通常大多數的人都回答不出來，也從沒想過對氣味的真實感受。Aromatherapy（芳香療法）這個詞，是香氣（Aroma）在前，治療（therapy）在後，但現代人卻忽略了氣味本身的性格和它傳遞的訊息，反而將治療放在面前，==正確順序是：有美妙的香氣才能帶來療癒==。因此我開始推廣──別問氣味的療效，先問你自己喜不喜歡。

曾經有一位學生告訴我，她非常喜歡迷迭香的味道，因為那涼

爽的氣息中帶著一種溫暖，喚醒了她深層的記憶。她回憶道，每當她生病時，奶奶都會用面速力達母塗抹她的額頭，幫助她舒緩不適。因此，迷迭香的氣味對她而言，不僅僅是一種味道，更是奶奶愛她的象徵。

有一次演講，一位學員帶著疑惑的表情問我：「大家都說薰衣草可以舒眠，可是我聞了就是不會想睡覺，反而聞了薄荷就開始有睡意，跟書上還有其他人的經驗很不一樣。這是怎麼回事？」我當下告訴她：「每種氣味對於每個人的反應都是不一樣的，書裡寫的或是別人的經驗都只是大數據法則呈現的結果，但嗅覺對於每個人的記憶與情感都有『不同的註解與定義』，無法用一個通則說明大家都有相同反應與療效。」我有個朋友，她從小與奶奶睡在一起，後來奶奶突然離世，讓她長期失眠而無法入睡。有一天，她發現床頭有奶奶生前每天都會用的萬金油，自從把萬金油塗在脖子與身上後，居然意外地好睡，萬金油的氣味就是她對於奶奶情感的連結，並非只是提神的藥膏。

在國外也有一個案例，有一個六歲的小女孩因為得了白血病，

每天都疼痛不已，在小女孩最後的人生旅程中，媽媽每天幫她用薰衣草按摩、止痛，後來小女孩離世後，媽媽從此之後再也沒有勇氣聞薰衣草的香氣，每次只要聞到薰衣草，就讓她感受到女兒的離世與悲痛。

極其私密的記憶密碼──香氣

透過以上的案例就能知道，香氣是很私密的記憶密碼，聞到薰衣草不睡覺，但聞到薄荷很好睡，都是很正常的現象。我們要相信自己的感官感受，知識是死的，人是活的，別只拿知識來質疑內心真正的感覺。

我認為，**真正的香氛能量來自於嗅覺對於氣味與記憶的共振所產生的情感連結，進而開啟對身體的自我療癒力。**當有了這番感悟後，便開啟了我的「心靈調香」之路，我大量蒐集資料，透過植物的生長、文化、希臘神話故事等，開始探索並學習植物香氛的能量。而「文化」其實就是「記憶」的累積，在我蒐集了眾多的文化訊息後，我驚訝地發現，原來嗅覺的根本源自於相當遠古時期的生活經驗。

01 氣味覺察與空間氛圍管理思維

　　羅勃‧穆尚布萊在《氣味文明史：從惡魔的呼吸到愉悅的香氣，一段文藝復興起始的人類嗅覺開發史》書中提到：「人對氣味的感受，常常是後天形塑的，不同時代的人，對氣味的反應可能也相當不同。以前的法國君主可以在宮殿裡邊如廁邊自在地和臣子開會，而農村地區也以家門前高高的堆肥來彰顯財富與地位。十七世紀以前的人對於糞便尿液不太反感，甚至很喜歡拿放屁來說笑。」每個氣味的定義來自於當時的環境與文化，臭豆腐是臭的還是香的？螺絲粉是臭的還是香的？蔣勳老師曾說過：「一個懂得吃『臭』的民族，不僅擁有悠久的歷史，更展現了對食物、時間與自然法則的深刻理解。『臭』的味道，並非簡單的嗅覺挑戰，而是透過世世代代的馴化，成為文化與味覺記憶的一部分。當一個民族能夠接受甚至熱愛『臭味』，意味著這股風味早已深植於飲食基因之中，承載著歷史的積累、發酵的智慧與對時間淬煉的尊重。這不只是飲食，更是一種文化哲學。」

　　現今許多歐美國家開始盛行香氛心理學與香氛藝術，提倡的正是將嗅覺文化再次突顯與覺醒，這讓我在推廣多維感官開發的過程中，勇敢跳脫芳香療法帶來的框架——「眼裡心裡只有感受，

沒有療效，也沒有數據」，這讓我回想起自己過往的香氣經驗與熱愛，小時候在文具店裡買的香香豆、香香筆開啟了我對香氣的認識。雖然當時年紀尚小，但在選擇物品時，我發現自己特別重視氣味。嗅覺與香氣的連結已經自然而然地融入了我的日常生活，就像吃飯和睡覺一樣習以為常，當時並不覺得需要特別去學習或研究嗅覺這門學問，現今大眾對於嗅覺的認知與態度就像過去的我。但現在的我發現，一旦打開了多維感官覺察，就能深刻體會到存在於看不到的空間裡（我指的是情感、文化與記憶），擁有著比眼睛所見更強大的力量，也是「心」的力量所在。

大篇幅談完嗅覺，相信讀者們應該能初步了解，視覺是人類使用最多的優勢感官了。只是大眾仍習慣眼見為憑，但我們看到的真的是事實嗎？在這個資訊爆炸的時代，我們已經習慣用「看」來理解世界。視覺主導了一切，我們透過螢幕接收資訊，透過圖片決定食物好不好吃，透過顏色判斷空間的氛圍，甚至透過社群媒體的視覺符號來解讀情緒。可是，當我們過度依賴視覺，卻讓其他感官逐漸退化，甚至變得遲鈍。曾經，我們用鼻子記憶童年的味道、用耳朵辨別父母的聲音、用手去感受世界的溫度。但現

在，人們習慣只用眼睛去「看」，卻忽略了那些真正與情感、記憶和生命體驗緊密相連的感官。這種變化，並非一夜之間發生，而是長期受科技、教育與生活節奏影響的結果。

過度依賴視覺的世代

現代社會資訊傳遞變得極為視覺化：從廣告設計、社交媒體到電影與短影音，一切都在吸引我們的眼球。我們每天被高對比的影像、鮮豔的色彩與快速切換的畫面轟炸，大腦無時無刻都在處理視覺訊息，導致我們習慣用眼睛做決策，而忽略其他感官的重要性。這裡並非否定視覺的重要性，但過度依賴視覺，容易讓我們的判斷變得「淺層化」。很常因為看見一張圖片，我們就自以為理解了故事；看到一道擺盤精緻的料理，我們就能認定它的味道一定是好吃的；觀看一個人表面的形象，就輕易地評斷他的個性或價值。但事實上，**真正的感知應該是立體的、多維度的，單靠視覺，永遠無法真正理解事物的本質。**

從小，我們在學校的學習模式幾乎都是視覺導向的——閱讀文字、書寫筆記、觀看圖表與數據，所有知識的傳遞方式都圍繞著

「可見的內容」。但這樣的學習方式,卻讓我們逐漸忽略了嗅覺、觸覺、聽覺、味覺的發展(在求學過程中,未曾有過一個考試是判斷氣味)。嗅覺,明明是最能勾起記憶的感官,卻在教育體系中完全缺席;觸覺,明明能夠讓人更深刻地理解事物的質感與能量,卻被視覺主導的世界邊緣化;聽覺,雖然無形,但它對於情緒的影響巨大,然而,我們卻很少學習如何真正「聽見」環境的細節。這樣的教育模式,讓我們漸漸變成一種「單感官動物」,全依賴「眼睛」做決定,而不再體驗世界的真實性。我們不自覺地讓視覺主宰了一切,但其實真正影響一個人的內在情緒、記憶與決策的,往往是那些「被忽視的感官」,例如:

✦ **嗅覺的影響力**:你有沒有過這樣的經驗,當你聞到一種熟悉的香氣,記憶瞬間被拉回童年的某個片刻?氣味能夠喚起最深層的情緒與記憶,甚至影響安全感與信任感,但我們平時卻對嗅覺的影響力毫無意識。

✦ **聽覺的隱形操控**:一個環境的音頻、背景音樂,甚至是人說話的聲調,都會影響我們的情緒與行為。咖啡館播放的輕音樂讓人想多待一會兒,超市播放的背景音樂影響消費者的購物節奏,

但這些影響往往不會被察覺。又例如聽到某些歌曲，失戀的心情更湧上心頭，思念更劇，這些都是聽覺的影響力。

✦ **觸覺的被遺忘**：我們每天穿著衣服、握著手機、坐在椅子上，卻很少真正去感受材質的細膩與溫度。不同材質的觸感，其實會影響人的心理安全感，但在這個以視覺為導向的世界，這些細膩的觸覺體驗幾乎被忽略。然而，人與人之間最需要的擁抱，正是因為透過觸覺而產生信任與支持感。

如何重新找回被忽略的感官？

要讓感官重新甦醒，並不是一件困難的事，而是要有意識地「慢下來」，用心去體驗每個感官的存在。在日常生活，我們可以先嘗試幾個練習：

1. 喚醒嗅覺記憶：聞氣味時，試著停下來，感受這個氣味讓你想到什麼？它帶來的是溫暖、放鬆，還是讓你有某種情緒變化？透過嗅覺，我們可以更深層地連結記憶與情感。讓每天的 23,000 次呼吸都有意義，以及有意識的感知。

2. 閉上眼睛，聆聽世界：試著在安靜的空間裡，專注聆聽環境的聲音，感受音頻與節奏如何影響你的心情。同一首歌，經過不同歌手和樂器的詮釋，情感便有了千變萬化的層次。每個人用自己的聲音，傳遞獨特的情緒與故事，即使是相同的旋律，卻能展現出截然不同的靈魂與情感深度。透過不同的演唱方式，我們能聆聽到悲傷的低吟、激昂的吶喊，或是溫柔的呢喃，從而感受到每位歌手賦予這首歌的獨特靈魂與情感重量。

3. 用觸覺感受世界，從細節到情感的連結：觸覺不只讓我們感受物理世界的質地與溫度，更是我們與人、與環境建立深層連結的方式。我們習慣用眼睛「看」世界，但真正的理解往往來自觸碰，當手指滑過木紋，能感受時間沉積的溫潤；當掌心貼近絲綢，能感受它柔順的流動感；當赤腳踩在草地上，能感受到土地的溫度與生命力。這些微妙的感知，讓我們不只是被動接受資訊，而是主動與世界產生互動。

觸覺的意義不僅涵蓋物理感受，還是情感交流的重要橋樑。擁抱，就是一種最純粹的觸覺訓練，它讓人從皮膚到內心感受到溫

度與安全感。親子間的擁抱、閨蜜間的擁抱等，不是強迫性的觸碰，而是一種真誠的交流——當我們擁抱摯愛時，身體會釋放催產素（Oxytocin），讓人感到安心、溫暖，這種觸覺帶來的情感傳遞，遠遠超越語言能表達的範圍。透過刻意練習觸覺，我們能讓自己更細膩地感受環境，也能在人與人的擁抱與互動中，體驗真正的情感交流，找回觸覺所帶來的安全感與歸屬感。

4. 品味食物，讓味覺真正參與感知：品味，並不只是「吃」，而是一種全方位的感知體驗。蔣勳老師曾說過，「品」字由三個「口」組成，意味著味覺不只是單一的吞嚥，而是需要細細咀嚼、層層體會，讓身體真正感受食物的溫度、質地與層次變化。現代人習慣透過視覺判斷食物，看到精美擺盤就覺得好吃，看到色澤濃郁就期待食材或料理香氣四溢，但真正的品味，來自於放慢步調，讓味覺完整參與這場感官盛宴。當食物入口，舌尖最先感受到的是溫度與初始風味，接著咀嚼時，口腔的不同部位會陸續感知酸甜苦鹹鮮，最後，食物的餘韻才會慢慢浮現。這一過程，需要我們的味蕾專注於當下，不急著吞嚥，而是用整個身體去體驗這份滋味。味覺訓練，是一場與食物的對話，也是一場與自己的

對話。當我們用這樣的方式吃飯，會發現食物不再只是填飽肚子而已，它也是記憶、文化、情感的載體，每一口，都能帶來更深層的感受與滿足。當我們開始重新打開感官，就會發現，世界並不只是「看起來」的樣子，而是擁有更豐富、更立體的層次。我們不應該只是「觀看」世界，而要**真正去體驗它、感受它，讓所有感官都能參與我們的生活。**

從今天開始，不妨試著開始用鼻子去聞、用耳朵去聽、用手去觸摸、用舌頭去品味，你會發現，世界比想像得還要廣闊、還要豐富，而我們所感知到的一切，也將變得更加真實而深刻。執行上述提到的小練習，慢慢將多維感官喚醒，長期下來，便能感受到空間氛圍中所傳遞的能量頻率，而每一種感官都對應著不同形式的頻率振動。視覺感知光波頻率，聽覺接收聲波頻率，觸覺感知震動頻率，嗅覺感知氣味分子透過空氣傳遞，並與大腦的情緒中樞直接連結，不同香氣能啟動記憶、改變心理狀態。味覺感受化學頻率，每種味道對應不同的化學結構與震盪頻率，酸甜苦鹹鮮的微妙變化，能激發味蕾的深層感知。

氣味覺察與空間氛圍管理思維 01

當我們可以細膩地感受這些頻率，便能夠真正與環境產生共鳴，透過感官與空間對話，體驗最純粹的能量流動，用這樣的方式學會「調頻」，也是學習空間氛圍管理的開始，它能為人和環境帶來以下的好處，即接下來要介紹的其他面向。

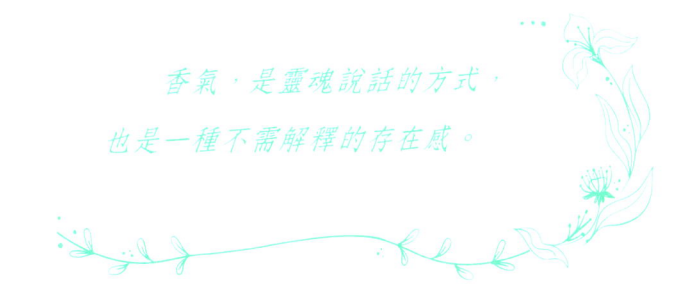

香氣，是靈魂說話的方式，也是一種不需解釋的存在感。

面向二
健康促進

> 健康促進 ✕ 空間氛圍管理 =
> 讓自己活得更自由、有能量、有選擇權

　　健康促進（Health Promotion）是我 2006 年於師大健康促進與衛生教育研究所進修時接觸到的概念，當時覺得這是一門學術理論，沒想到現在已經變成全球趨勢！但健康不是只有運動、飲食，而是我們的身心靈、環境、人際關係能不能達到真正的平衡。環境會影響我們的選擇，而空間氛圍管理正是健康促進的重要關鍵。當我們打造一個能支持自身健康的空間，感官變得更敏銳、情緒更穩定，做決策時也會更果斷、清晰，這才是真正的「健康自主

氣味覺察與空間氛圍
管理思維　01

權」。現今的趨勢大談環境永續（ESG 環境、社會、公司治理）與 SDGs（聯合國永續發展目標），皆與健康促進與空間氛圍管理有了更深的連結。

現代人對於健康的新定義

從一開始學護理，到後來從事空間氛圍管理相關的教學，這二十多年來，我一直在思考「健康是什麼」？然而隨著時代不同，健康的概念也跟著慢慢轉變。在以往，健康通常被單純地認知為「不生病」，後來演變成「飲食是否健康、運動夠不夠」等，直到現在，則是追求身心靈、環境、人際關係平衡。真正的健康，不該只是靠意志力來維持，而是讓環境、習慣與感官訓練來幫助我們做出更好的選擇，讓健康成為一種自然而然的狀態，而不是一場費力的追求。

現代人追求健康大多顯得有點刻意，過去我曾經服務於安寧病房及腫瘤科病房。有好幾位患者問我：「我每天都早睡早起，又運動又養生，不吃垃圾食物，還常捐錢做好事，為什麼偏偏罹患癌症，反觀對面的鄰居，每天喝酒又晚睡晚起，三餐不正常，怎

麼就身體健康？」但我想，在追求健康的同時，很多人都忽略了別讓「要自己變健康」這件事變成壓力。現代研究指出，許多疾病都與壓力及慢性發炎有關，沒有好的情緒，健康就會離自己越來越遠。即便進入 AI 的科技時代，醫學進步日新月異，但仍有太多無法解釋病因的疾病，除了與遺傳有關，還與自己的思維及個性有關，或許在未來，對於疾病還有更多新的解讀方式，但現在的我們能做的，就是有意識地關注身心平衡。

心理影響生理，環境影響心理

很多人以為，身體健康與心理健康是分開的，其實不然。心理壓力會影響神經系統，因此現今許多人有自律神經失調及精神相關的問題，神經系統又會影響內分泌系統，導致內分泌混亂，造成免疫系統免疫力下降，進一步引發許多慢性疾病及慢性發炎。現代人的失眠、便秘、三高、肩頸僵硬、肥胖等，這些問題都一一反映了我們的生活品質，綜觀所有症狀的源頭就是心理壓力。

其中，更值得注意的是，環境對心理的影響，這比我們想像得

更深。如果我們每天待在一個雜亂、光線刺眼、空氣不流通的空間裡，身體會不自覺地進入緊張狀態，影響心跳、血壓、情緒，甚至讓人變得煩躁、缺乏專注力。相反地，如果處在能夠讓感官放鬆的環境，例如柔和的燈光、乾淨的空氣、帶著淡淡木質調香氣的空間，身體會自然而然地進入平衡狀態，讓情緒更穩定，做決策時也會更果斷清晰。這就是為什麼「健康促進」不只是個人的事，而是一個環境與社會的議題。

聯合國 SDGs（永續發展目標）與企業 ESG（環境、社會、公司治理）正在倡導的，不只是健康管理，而是如何從「環境優化」與「心理健康支持」的角度，幫助人們改善生活品質。露易絲賀在《創造生命的奇蹟》書中提到，所有的疾病都是因為思維所致，負面的思維會讓身體的各個系統失去平衡，進而產生各種疾病。例如：罹患乳癌的患者大多是付出太多愛，但回收太少，因此產生鬱悶不平衡的思維所致，這也應證了證嚴法師所說，生氣就是拿別人的過錯懲罰自己。因此跟別人生氣，其實是一種慢性自殘的行為，真正愛自己就不要一直鞭打自己，要在意自己比在意別人多。

健康促進可以從空間氛圍做起，空間氛圍決定你的狀態，而你的狀態決定你的選擇。當我們走進一個空間，我們的五感會立刻捕捉到環境訊息，而這些訊息會影響我們的行為與決策。例如：

- 當我們進入一間充滿自然光線的辦公室，身體會自然而然地進入更有活力的狀態，提升工作效率。
- 當我們走進一個燈光溫暖、氣味宜人的餐廳，我們的放鬆感會提高，進而影響我們的用餐體驗與情緒。
- 當我們每天待在空氣不流通、雜亂的空間裡，長期下來就會影響呼吸系統、讓人變得焦躁不安，甚至影響睡眠品質。

這就是空間氛圍管理的核心──透過光線、氣味、聲音、色彩、空氣品質來影響人的心理狀態，進而改變行為模式。這不只是打造美好的空間，而是為了讓人擁有更健康、更自在的身心狀態，減少心理壓力對身體的影響。實際上，許多企業已經開始意識到這一點，開始導入更人性化的設計，例如：辦公室採用自然採光與綠色植物，讓員工的眼睛得到適當休息並提高專注力。使用天然香氛來穩定情緒，例如在會議室裡放置木質調與柑橘類香

氣味覺察與空間氛圍管理思維 01

氣,幫助思考與決策更順暢。公司提供靜心與休息空間,讓員工能夠透過短暫的放鬆恢復能量,提高工作效率。當我們的環境改變了,我們的狀態也會改變,健康不該是靠意志力堅持,而是靠好的環境來支持。

讓健康變成一種選擇,而不是努力

當一個人的五感變得敏銳,就能更快察覺環境對自己的影響,也能更準確地做出符合自己身心需求的決策。如果身處的生活空間能夠支持我們的健康,那麼健康就會變成一種自然而然的結果,而不是需要努力維持的負擔。例如:當家中的氣味是放鬆的,就更容易進入休息狀態,提升睡眠品質。當辦公空間設計得宜,壓力就會降低,決策效率提高,身體也比較不容易累積疲勞。當企業開始關注員工的心理健康,減少不必要的過勞與內耗,員工的身體狀況也會隨之改善。這些改變並不是一蹴可及,但當我們開始有意識地管理自己的空間氛圍、關注自己的感官與情緒變化,就能漸漸找回對健康的主導權。

健康促進 × 空間氛圍管理 × ESG × SDGs，不只是關乎身體健康，最終目的是讓我們擁有選擇權，活得更自在、更有能量。我們要的不是短暫的健康，而是讓身心靈與環境和諧共生，讓健康成為一種理所當然的生活方式。

嗅覺，是我們與世界最溫柔而真實的連結。

| 面向三 |
人際共感

> **空間氛圍管理與多層面人際共感**
> ── AI 拉遠人與人的距離，氛圍拉近人心

在過往，「人際關係」指的是人與人之間，但隨著社會的變遷，廣義的人際關係不只是我與他人的互動，而是更廣闊的定義。例如：因為有臉書，人與人之間的互動變成「臉友」，這樣的關係究竟是跟真人互動，還是和網路上的「帳號人」互動？隨著通訊與交友軟體的普及，也有不少人談「網戀」，有些雖有美好的結局，但有些演變成詐騙案件；甚至現在與 AI 對話，猶如跟真人一樣，可以講床頭故事給孩子聽，可以跟你談心事，雖然它無法

提供情緒價值，但這樣的互動方式儼然成為另一種人際互動現象。

　　現代社會的每個人都活在不同層面的人際關係網絡裡，而所有的人際關係影響我們的情緒、行為、選擇，甚至決定了生命品質。在 AI 與數位化時代，人與人的距離越來越遠，知道怎樣用鍵盤與人溝通，但是面對面的時候卻不說出一句話，彼此面對面時的語言也越來越簡化，情感共鳴逐漸慢慢消失。其實，可以透過「空間氛圍」來修復關係，讓冷漠的互動重新找回溫度，最簡單的例子就是「儀式感」，是現在非常重要且可以重新建立情感的管道，因為空間氛圍的打造需要「面對面」。

　　以前的人說，見面三分情，沒有面對面，較難完全感知到對方的表情與情緒，還有散發出來的氣息，因此在情感層面很難達到共鳴。但現代人與人相處的經驗值較少，許多人也有所謂的社交恐懼，害怕人多，或不知道要跟別人說什麼的情況。這讓我想到自己學習調香的過程，就像是重新架構與思考人際關係與網絡。適合與不適合的人，就像香氣之間的組合，有的能彼此襯托、創造更高層次的共鳴，有的卻相斥，讓整體變得不協調。調香讓我

氣味覺察與空間氛圍管理思維　01

理解，每個人都有自己的頻率，而適合的氣味能夠在人與人之間建立橋樑，甚至影響我們對彼此的感受與記憶。

讓空間氛圍成為語言，幫助自己與世界連結

空間氛圍和氣味也是如此，用不同的容器，在不同的氛圍裡，搭配不同的氣味，創造出嶄新的體驗。氣味不只是存在於空間中，它影響著我們的情緒、記憶，甚至是關係。當語言表達逐漸變得單調，當我們的詞彙變少、閱讀變少、情感交流變少，空間的氛圍就成為我們無聲的語言，幫助我們與自己、與世界重新連結。我們透過空間氛圍能影響的人際關係包含了以下層面：

1. 與自己──內在對話，影響外在世界

一切關係的起點，都是「我與自己」。你如何看待自己，決定了你如何與世界互動。當空間的氣味、光線、顏色讓你放鬆，就能更好地與內在連結，聆聽自己的聲音，理解自己的需求。當你內在穩定，對外的關係才會和諧。

2. 與他人──氣味比語言更快讓人心動

當人們不再習慣深度表達、當語言變得貧乏，不妨藉由空間中的氣味、燈光、材質幫助我們傳遞無聲的情感。適合的氛圍讓對話變得溫暖，讓關係變得柔和。你是否曾經因為走進某個空間聞到熟悉的香氣，讓你不自覺地放下戒心，開啟一場更真誠的對話？這就是空間氛圍在人際關係中的魔法。

3. 與環境──你身處的空間，決定了你的狀態

環境的氛圍會影響我們的心理，甚至左右人生選擇。你能夠好好生活、專注工作、放鬆休息，不只是因為你「努力」，而是因為空間給了你足夠的支持。當一個環境讓人感到焦慮、緊繃，即使身邊的人再友善，也很難真正建立共感。這就是為什麼空間氛圍管理如此重要，它讓我們的身心得以自在運行，讓關係得以自然發生。

4. 與社會──我們如何在集體中找到自己

職場文化、社會價值觀、群體規範，無時無刻影響我們的關係模式。與同事的關係，不只是「我與他」的互動，而是整個組織

氣味覺察與空間氛圍
管理思維　**01**

氛圍的投射。如果我們的社會價值觀不鼓勵深度溝通，大家就會選擇「沉默」；如果我們的職場文化過於壓抑，人們就難以產生真正的情感連結。透過空間氛圍的設計，我們可以營造更有溫度的社交環境，讓人們更願意敞開心扉，形成更健康的群體共鳴。

5. 與自然──大地的頻率，影響人心的節奏

我們與自然的關係，決定了我們的能量狀態。人是無法脫離自然的，當你嗅聞一朵花、觸碰一片葉子，身體會記得那種真實的放鬆。天然香氛、森林療癒、園藝治療，都是重新連結自然的方式。當我們與自然的連結變強，我們的心也會變得更柔軟、更開放，進而影響我們與自己、與他人的關係。

6. 與科技── AI 讓距離變遠，但氛圍能讓心更近

AI 讓我們的溝通變得更高效，卻也讓人際互動變得更冷漠。當人們習慣用簡短的訊息溝通，當 AI 取代了真實對話，我們該如何維持人際關係的溫度？空間氛圍管理可以做到。即便語言變得冰冷，但氣味可以補足溫度；當視訊會議取代面對面交流，空間氛圍可以讓人找回真實感。科技發展的同時，我們更需要透過空

間氛圍來維繫人性，讓我們不只是「連結」，而是真正地「共鳴」。

7. 與宇宙或精神世界──頻率共振，決定你的磁場

有時，我們無法解釋為何一個空間讓人感到特別安心，為何某種香氣讓人覺得熟悉。這些感受來自更深層的頻率共振。宇宙的能量、靈性的覺察，與我們的空間氛圍息息相關。當一個空間的氛圍能夠讓人心靜下來，進入更高頻率的狀態，那麼這個場域自然就成為了可以讓人轉化、蛻變的地方。

想讓關係重新連結，就從營造空間氛圍開始！調香教會我，人與人之間的關係就像香氣，需要時間沉澱，也需要適合的環境才能展現最佳狀態，讓你身處的空間充滿生命力，世界就會重新與你共振。

|面向四|
永續環境

> 空間氛圍管理與環境的關係——
> 永續的氛圍，空間的靈魂

　　除了人際關係，空間氛圍也與環境永續有著深刻關係。當人們談論環境永續，第一個想到的，往往是碳排放、塑料減量、再生能源等議題。但我始終相信，**真正的永續，不只是環保的數據，而是文化的存續**，是人文精神的延續。我們走進一個空間，感受到的不只是它的設計，而是它的靈魂。這種靈魂來自於空氣中的氣味、建築的紋理、光影交錯的溫度，更來自於那些世代傳承的故事。試想，一間百年茶館，它的木門或許有了些許磨損，但它

的氣息卻飽含著歷史的溫度，茶香裊裊之間，是時光沉澱出的韻味。這，就是文化的永續。

我曾經造訪一座歷史悠久的旅館，業主問我：「我們該如何讓它變得更有永續價值？」我的回答是：「讓它說話。」這不只是減少耗能或使用環保材料，而是讓這個空間的故事能夠被聞到、被感受、被傳承。當我們打造空間時，若只追求「環保」而忽略了文化，這樣的永續是沒有靈魂的。真正的永續，應該是讓空間能夠呼吸，讓它的文化能夠延續，讓人在其中找到情感的歸屬。**環境的永續，不只是保護自然，更是保護人與土地的記憶**──這是我對永續的堅持，也是我在每一個空間設計、每一款香氛創作時，始終放在心上的信念。每當走進一個空間，閉上眼睛，你是否能感受到它的溫度、氣味、甚至是它的情感？對我而言，空間氛圍不只是視覺上的美感，更是綜合感官的體驗，而這樣的體驗與環境永續密不可分。

氣味覺察與空間氛圍
管理思維　　　　　01

空間氛圍不該是冰冷的，
　　而是有生命的

　　當我設計一個場域的氣味時，總會思考，它是否能與這個地方的靈魂相呼應？它是否能帶來內心的安定？是否能與自然共存？空間氛圍是一種無形的語言，它能讓我們記住一個地方，讓我們對某個品牌產生情感，也能影響我們的行為與決策。而當這樣的氛圍與環境永續結合時，它的影響力遠比我們想像的更深遠。每當設計空間氛圍時，我會優先考慮<u>環保材質、天然香氛、智能照明以及生態設計，因為真正的美不該建立在破壞之上，而是能否與環境共生</u>。我偏好選用天然素材，例如：竹子，木材，這些材料不僅帶來大地的溫度，也能減少對環境的負擔。同時，植物的存在能調節空氣品質，當微風輕拂，帶來的氣息是一種源於自然的療癒感。

　　我認為，嗅覺是人與空間的連結點，因為嗅覺是影響人類情緒最深的感官，也是最能讓人與空間產生情感連結的關鍵。永續的香氛應該來自於天然零化學的植物萃取，應該能讓人感受到土地

的溫暖，而非工業化的冷漠。例如木質調的沉穩、柑橘調的活力、或花香調的柔和，這些天然香氛能讓空間的呼吸與自然趨於一致。有些人問我：「香氛真的能影響環境永續嗎？」我總告訴他們，當你選擇一款零化學添加的產品、開始關心空間中的氣味來源，以及當你意識到化學香精對身心的影響時，你已經在為地球做出選擇。而這樣的選擇，不僅是對環境的善意，也是對空間氛圍的一種尊重。

品牌，應該是一種氛圍，而不是一個 logo

近年來，我幫助企業做空間氛圍管理時，發現許多品牌開始意識到，消費者不再只關心產品本身，而是關心品牌所傳遞的價值。而「永續」不該只是宣傳口號，應該成為空間的靈魂。當一個品牌的空間能夠讓人感受到「自然、純粹、可持續」，它將不再只是一個消費場所，而是讓人願意停留、願意分享的地方。

我們常說，ESG 是企業的未來，但其實 ESG 也是空間的未來。我一直相信，真正有價值的空間，能讓人感受到「永續的美」，亦能讓人自然而然地產生對環境的尊重與珍惜。當空間能夠帶來

氣味覺察與空間氛圍管理思維 01

感動，當嗅覺能夠連結人與環境，我們才能創造出真正足以影響人心、影響世界的氛圍。

空間不只是空間，它是我們與世界對話的方式。而這個對話，應該是溫柔的，是帶著尊重的，是為了讓未來更美好的。

空間的氣味，
是一種無聲的記憶引力，
能牽動情緒與過往。

PERCEPTIONS OF SCENTS

從日常生活
打造各種品味能力

　　在上一章，完整說明了空間氛圍管理的概念，在此章節裡，將進一步說明空間氛圍管理如何和生活做結合。「空間」不只是我們所在的地方，更是情緒與氛圍的載體，並與食、衣、住、行都有關，這也是我近年來常演講的主題。「空間氛圍管理」涵蓋的範圍相當廣，我們可以透過飲食的選擇、衣著的質感、居家的佈置、出行的方式等，讓空間裡的細節影響感受與體驗，進而將永續與美學落實到日常，創造專屬於自己的「新奢華生活方式」，這是一種結合舒適、品味與永續的生活態度。

　　當我們學會經營環境裡的眾多元素，就能營造出想要的氛圍，

日常生活裡的品味練習 02

　　讓每一天都充滿質感與平衡。在這之中，天然香氛與農產品扮演著關鍵角色，它們不僅和我們的嗅覺、情緒、健康息息相關，更與環境永續發展緊密連結。從今天開始，用天然香氛啟動五感，掌握氛圍的藝術，打造一個與身心共鳴、與環境共生的理想空間！那麼要從哪裡啟動五感呢？我們可以從「品味」各種天然香氛開始練習。

　　以往辦講座或教課時，常和學生提到天然香氛，許多人初步的印象總是聯想到芳香療法、精油或純露，我一直認為芳香療法是種技能，並不能代表全觀的天然香氛，因為天然香氛的範圍遠遠不止於此。天然香氛涵蓋了我們生活中的方方面面，從花草茶、橄欖油、天然香料（例如辣椒、胡椒、茴香等）、葡萄酒，到水、醋、鹽、可可、咖啡、茶⋯⋯這些都是大自然賦予的香氣資源，當人們接觸到天然香氛，便會影響到人體感官、情緒，甚至是與環境的永續發展。我除了將天然香氛應用於日常生活，更與許多企業合作，打造「香水火鍋」、「純露調酒」等創新體驗，為讓人們透過不同的方式，真正感受天然香氛的多元價值，與食、衣、住、行、育、樂接軌，成為更貼近大眾生活的選擇。

品味能改變你的生活，
更是展開旅程的鑰匙

　　品水、品鹽、品油、品醋、品咖啡、品可可、品酒、品茶，這些都是天然香氛的延伸，都是我們生活中無處不在的氣味藝術。當我們開始細細品味，就能感受到風土、時間、環境帶來的影響，真正理解嗅覺及感官如何形塑我們的記憶與生活質感，帶來美好的感受。在現今社會上，品味已經發展成一門專業，並延伸出許多相關認證，例如：品水師、品油師、品鹽師、品可可師、品酒師、品咖啡師、品茶師（茶道）等，不僅提升了人們對風味的鑑賞能力，也拓展了人們對世界的視野。

　　一直以來，我所做的，則是將這些「品味」的概念融入天然香

日常生活裡的
品味練習　02

氛的領域，透過嗅覺與其他感官的交融，讓大家更細膩地感受食材、環境與情感的連結。當我們學會品味各種事物，就不只是會辨別風味而已，能進一步鍛鍊感官去感受整個世界，讓每一次的呼吸與品飲，都成為通往實踐新奢華美好生活的橋樑，接下來的八個品味練習，鼓勵您也嘗試看看：

✦ 1 ✦ 品水：喝水也能品味？水的細節藏著健康密碼

　　許多人可能會好奇：「水沒有味道吧？真的能品嗎？」但請仔細回想看看，大家或多或少都有這樣的經驗——有些地方的水甘甜順口，而有些水則帶著難以形容的異味。我記得小時候，外公特別愛泡茶，阿姨和舅舅常常拎著水桶上山取「甘泉」，那時的山泉水還未受到污染，用來泡茶時，茶湯風味格外甘甜，那是我對水質產生記憶的開端。後來，當我得知「品水師」這門專業時，我感到無比興奮，也很幸運能認識專業的品水師——陳君潔，每次我們碰面，她都優雅拿出美美瓶子的水，然後說：「我拿這個來給妳補一下。」非常有趣，一般人都是拿雞精或是雞湯，她則是拿不同的水讓我補身體。

從她的指導中，我學會了如何品水，更明白「喝對的水，就是在滋養身體」，在她的著作《最高喝水法》書中，更是完整記載了品水的最高原則與方式。想要更深入品水世界，這是一本非常適合入門的書籍。來自不同產區、不同國家的水，蘊含的礦物質成分各異，當我們飲用這些水，內含的礦物質就與我們的健康息息相關。例如，市面上常見的斐濟水，瓶身印有代表當地的扶桑花，那款水富含矽元素（Silica），能夠促進膠原蛋白的合成、幫助肌膚修復，對於想讓皮膚更透亮的人來說，這類富含矽的水是不錯的選擇。此外，市面上也開始出現專為女性設計的水，內含較高的鈣（Calcium）與鎂（Magnesium），不僅能夠幫助女性於生理期做補充，還能提升精神，使人感覺更有活力。

　　喝水這件小事，藏著大學問，透過細節的講究，就能讓生活品質提升一個層次。如何開始品水？先找到你的「基準水」是品水的第一步，選擇一款「基準水（Benchmark Water）」。這款水的口感應該是順口、純淨，且氣味平衡、不具強烈個性或干擾因素。當我們確定好基準水之後，就可以用它來比較不同水的特性。例如，含矽量較高的水通常口感會較為絲滑（smooth），我們再把

水中的礦物質成分和口感特徵有哪些？

礦物質	口感特徵	生理作用
鈉 Sodium	嚐到鹹味	維持水分與血壓平衡，過量易致高血壓
鈣 Calcium	具有特殊的澀味，口腔內會覺得乾燥	強化骨骼與牙齒，預防骨質疏鬆
鎂 Magnesium	可能出現甜味或苦味，或先苦後甜	幫助能量代謝與神經功能，如果人體缺乏，易導致抽筋
硫酸鹽 Sulfate		促進消化與肝臟解毒
矽 Silicon	滑順絲綢感、呈現包覆性的口感	維持皮膚、骨骼與關節健康
碳酸氫鹽 Bicarbonate		助消化與運動恢復
鉀 Potassium		維持心臟、肌肉功能與血壓平衡
鐵 Iron	鐵鏽味	促進血紅素生成，預防貧血
碘 Iodine		維持甲狀腺功能與新陳代謝
氯 Chloride	可能出現苦味或是澀味，帶有消毒水味	幫助體液平衡與消化
氟 Fluoride		強化牙齒，預防蛀牙
鋰 Lithium		幫助穩定情緒，但高濃度的話，則具有毒性
二氧化碳 Carbon Dioxide	氣泡感	促進代謝，過量刺激腸胃

這個「絲滑感」拿來和基準水做對比。透過這種方法，我們可以更清楚地分辨出各種水之間的差異，進而找到自己喜歡的口感，甚至挑選出最適合當下身體需求的水。

當我們學會品味水，不僅能提升感官敏銳度，也能透過選擇適合的水來照顧自己的健康，這是一種細緻而優雅的生活方式。人體有 60～70% 是水，我們每天需要的水量不少（按個人體重，每公斤×30～40 毫升），因此喝水時，就是一種重要的選擇，選擇適合自己的好水，能讓自己的精神或是心情變好，也是每天寵愛自己的方式，也更懂得感恩世界上每個水資源帶來的恩典。

不同礦物質在水中呈現的味道不同，對人體也有不同好處。大家在品水時，可以透過口感及身體需求選擇，但腎臟病患者得留意限制礦物質及水分攝取，請遵照醫師指示再攝取水分。

許多學員在上完品水課後跟我分享，原來喝水，也可以是一種「愛自己的儀式」。有位學員說，她上課當天正好遇到生理期，原本身體有些不舒服，但當她喝下真正好的水，居然感受到一股

說不出的舒暢感。她說：「那一瞬間，好像身體被理解、被照顧了。」也有不少學員反映，現在走進便利商店買水時，選擇的依據已經不是瓶身包裝或價格，而是一瓶水的內涵與頻率。她們開始學會用身體去感受：「這瓶水，是不是對我溫柔？」、「它喝起來的能量，是不是支持我當下的狀態？」如果學會分辨水的能量與品質，不只改變了喝水的方式，更是重新學會傾聽身體、尊重自己的開始。

✦ 2 ✦ 品鹽：鹽不就是鹹的嗎？也能品味嗎？

市面上的鹽琳瑯滿目，別以為它們都只是鹹鹹的而已，不同來源、產地的鹽，有著不同風味。我對品鹽這件事有感，源自於一次吃牛排的經驗。當時，廚師在我們面前擺上了好幾種不同的鹽，我記得有竹碳鹽、玫瑰鹽、還有一款風味鹽，我好奇地將每一塊牛肉沾上不同的鹽來試試。沒想到，不同的鹽竟然能帶出肉質截然不同的風味，這讓我對鹽產生了濃厚的好奇心。後來，我研究了一下市面上各種的鹽，才發現，原來世界上有數百種鹽，不同的食材搭配不同的鹽，能夠巧妙地提升食材本身的香氣與風味。日常生活

中，鹽不僅是不可或缺的調味品，在健康管理上也有其重要作用。

　　人體需要鹽分，以維持身體體液平衡及促進神經傳導與肌肉收縮，依衛生署建議，每日鹽分攝取不超過2400毫克，腎臟病患者則要特別限制攝取量。鹽在人類歷史上，更扮演著關鍵角色──鹽的英文字salt的詞源與「救贖」（salvation）和「薪水」（salary）有關，在古代甚至曾被當作貨幣交易使用。在某些國家的文化中，鹽還被視為驅邪避凶的聖物，在基督教中也有提到耶穌教導門徒：「你們是世上的鹽，鹽若失了味，怎能叫它再鹹呢？⋯⋯你們是世上的光，城造在山上是不能隱藏的。」這句話象徵基督徒應在世界上發揮影響力，如鹽一般調和、保存、淨化社會，使世界充滿公義與愛；也如光一般照亮黑暗，帶來希望與真理。這與鹽之於人體的重要性相呼應，提醒人們在生活中發揮積極正向的影響力，使世界更加美好。

　　若從本質來看，鹽是最天然、最純粹的美味元素之一，種類繁多，主要分為海鹽、湖鹽、岩鹽、藻鹽、地下水鹽及各類調味鹽等。例如，法國的「鹽之花」（Fleur de Sel）以其細膩口感和層次豐

富的風味而聞名，適合搭配高級料理；含有特定礦物質的岩鹽則能為食材帶來獨特的風味層次。因此，在品鹽的過程中，不只是單純感受鹹味，而是透過鹽的微妙變化，讓味蕾體驗到更深層的風味世界。鹽還是能喚醒食材靈魂的元素。選擇適合自己的鹽，便能在每一次料理中，發掘不同的味覺驚喜。我從日本作家——青山志穗著作的《日本與世界的鹽圖鑑：日本品鹽師嚴選！從產地與製法解開 245 款天然鹽的美味關鍵》書中，了解許多品鹽的知識，以及如何選擇各種不同的鹽。我蒐集了近二十種不同的鹽，在學院開設品味課時，我選擇番茄和水煮蛋作為媒介，把這些鹽分別盛放在小碟子裡，讓學生透過沾取番茄或水煮蛋來比較不同鹽品的風味變化。令人驚訝的是，有些鹽不僅沒有讓食物變得更鹹，反而突顯了番茄或水煮蛋的甜味，學員們都驚嘆不已，也開始意識到，各種鹽能帶來截然不同的味覺體驗。當然，適量攝取鹽分很重要，但透過這樣的品味過程，學生們發現鹽的世界比想像中更加精緻，就連細微變化都能影響整體的味覺感受。這讓我想到法國小說《生命中的鹽》書中提到，生活裡的許多看似平凡的小事，其實都是點綴我們人生的重要元素，使生活更加豐富、有趣。因此，品鹽不只在品味鹹度或食物的原味而已，更是一種

體驗生活美好細節的方式。這些微小的事物，往往蘊含了值得我們細細發掘的驚喜與樂趣。

別小看任何鹽，它可是創造美味的關鍵，只要吃到一餐美好的飲食，就會讓心情大好一整天。每次上完品鹽課，學員們總是忍不住驚呼：「鹽也太神奇了吧！居然會變魔術？」他們驚訝於一顆顆看似平凡的鹽粒，竟然能展現出那麼多層次的味道與能量，有的鹽清澈如水、有的鹽沉穩如石，有的鹽則帶著一種說不出的暖意，就像能夠療癒內在的風景。有趣的是，自從學會了品鹽，學員們每次出國，總會特地到當地市場、超市尋找獨特的鹽——帶回來送給我，彷彿變成了一種小小的鹽之儀式。他們說：「這個鹽，是我在冰島找到的」、「這個鹽有義大利海岸的陽光味道」，還有人說：「這個鹽，一吃就想到那趟旅程的心情。」原來，鹽也能成為最有溫度的伴手禮，承載一段旅行、一個文化，甚至是一種情感記憶。甚至有學員跟我分享，現在吃到新的鹽時，習慣先閉上眼，用心去感受它的來源、質地與能量。他們說，「透過品鹽，我重新學會了品味生活。」果真是「生命中的鹽」為生活添加了色彩。

✦ 3 ✦ 品油：怎麼挑選？好油品的條件有哪些？

當我們的感官被訓練得越細緻，就會發現，吃東西的時候，只要油的品質稍有不同，就會影響整體的味覺體驗。有些油吃起來帶有油耗味，讓食物變得不新鮮；好的油則能讓食物風味層次大幅提升，甚至更能感受到食材的原味。為什麼油這麼重要呢？因為人體很需要好的油脂，尤其是大腦，60% 以上由脂肪組成！如果每天攝取好的油品，有益於影響大腦思考的敏銳度，還能幫助人體細胞變得更完整、更健康。

那麼，該如何品油呢？現今國際上有品油師這個職業，他們主要評鑑的是橄欖油。但在台灣，還有芝麻油、花生油、苦茶油這些傳統壓榨油。尤其在老街或傳統市場裡，常常可以看到苦茶油或花生油，這些新鮮現榨的油，風味通常很純粹，完全沒有精煉油的雜質感，也很值得品嚐和探索。接下來，我想先分享幾個判斷好品質橄欖油的方式。

Point1・嗆辣感代表高品質

你知道嗎？越好的橄欖油，吃起來越嗆、越辣！ 這是因為裡面富含橄欖多酚（Polyphenols），這種抗氧化物質不只讓橄欖油更健康，還能延緩油脂氧化，如果你有機會吃到感覺很嗆辣的橄欖油，那就對了。

Point2・口感清澈、不黏膩

好的橄欖油，喝起來就像果汁一樣滑順、不油膩，吞下去後，口腔甚至會感覺清爽乾淨，沒有厚重的殘留感。這跟一般我們印象中的「油」是截然不同的印象！

Point3・香氣是關鍵

品油的時候，第一步就是「聞」。橄欖油就像葡萄酒或咖啡豆一樣，風味會隨著產區不同而有所變化。每個產區的土壤、氣候、日照條件，甚至橄欖品種與採收方式，都會影響最終的油品風味。因此，在品油時，不同產區的橄欖油會展現出獨特的層次與個性。

這也是為什麼選購橄欖油時，我們可以仔細閱讀產品的風味描

日常生活裡的
品味練習 02

述，看看來自特定產區的橄欖油，會呈現哪些風味特徵，例如它帶有青草氣息、番茄葉的清新感？還是杏仁、堅果的醇厚？這些細節不僅提升了品油的樂趣，也讓我們在選購時能夠根據個人口味，找到最適合自己的橄欖油。好的橄欖油，通常帶有青草、番茄葉、杏仁、蘋果或胡椒的香氣，如果聞起來有發霉味、泥土味，或者油耗味，那就是不新鮮或已經變質的油了。

在阿育吠陀（Ayurveda）醫學裡，他們會用橄欖油或椰子油來漱口，幫助清潔口腔、去除毒素，還能保護口腔黏膜，有益人體健康。怎麼選擇好油？很多人買油的時候，會看產地、看品牌、看價格，建議選擇冷壓初榨（Cold-Pressed Extra Virgin）的油，才能確保油脂的品質。優質的油脂不會提升壞膽固醇（LDL），反而能促進細胞代謝，幫助身體維持平衡狀態。好的油，入口即知！品油不只是「吃進油脂」，而是一種打開感官、體驗細節的過程。當你真正品嚐過一款優質的油，你會發現口感、香氣、甚至吞嚥後的感受，都能告訴你它的品質如何。下次吃油的時候，試著用我們的感官去感受吧！好的油，會讓你的身體自己說話！我的個人經驗是去參加不同的品油課程，透過這些學習，你會發現橄欖

油的用途不止烹調，甚至可以搭配優格，成為獨特的甜點！這樣的發現讓我對油品的認識更加開闊，同時理解到，油不僅是烹飪的媒介，更是一項充滿風味與可能性的農產品。

油不只是烹調要角，
更影響個人和家庭健康

每種油品都有其獨特個性與風味。透過學習品油的過程，便能細細體會風味變化，讓個人感官變得更加敏銳，也讓日常飲食增添層次感。帶學生進行品油體驗時，我喜歡讓他們嘗試不同的搭配方式，例如將優質的橄欖油與各式鹽類、巴薩米克醋，或是碎迷迭香、百里香等香草混合，製作成天然調味油。這些簡單的搭配，不僅能讓橄欖油的風味更加豐富，也為麵包、沙拉等料理帶來更細膩的味覺層次，讓人深刻感受到食材本質，重新認識油脂，發掘它的多樣性與可能性，更從中體會到大自然的美好饋贈。

在過往，人們對「油」總抱有負面印象，但隨著現今營養觀念的更新，人們已了解油脂是人體不可或缺的重要營養素，選好油、吃好油，對健康的幫助非常大。每次上完品油課，學員最常給我

日常生活裡的
品味練習　02

的回饋就是：「原來好油不只對自己好，也能幫助家人，甚至幫助孩子的健康發展！」我有位學生，她的小孩有過動與妥瑞的狀況。當這位媽媽學會如何品油，並懂得為孩子選擇優質的油脂之後，發現孩子的情緒變得穩定許多，身體狀態也有所改善。因此，品油這件事不只是「吃油」那麼簡單，它更是一種生活中的日常保健方式，以及對於身體和家人溫柔且長遠的照顧。

✦ 4 ✦ 品醋：讓日常飲食更有層次，探索嗅覺味覺

醋不僅是調味品，更是一種味覺的藝術與文化的傳承。醋的歷史，也是發酵而來的美味故事！關於醋的起源，流傳著一個有趣的故事。據說，在中國山西運城縣，有一位名叫杜康的人發明了酒（當然，這只是傳說，杜康是否真的是造酒始祖，歷史上仍有爭議）。他的兒子在學習釀酒時，發現酒糟丟棄太可惜，便將其存放在缸內浸泡，想看看是否能夠再利用。結果到了第二十一天，當他打開缸時，一股香氣撲鼻而來，但這已經不再是酒，而是帶有酸香的液體──醋，就這樣誕生了！更有趣的是，「醋」這個字，左邊的「酉」代表酒，而右邊的「昔」，有一說法認為與「二十一

日」的發酵過程有關，象徵著酒經過時間轉化，才變成了醋。雖然這種解釋帶有傳說色彩，但無論如何，醋確實是從酒的發酵演變而來的，它是時間與智慧的結晶！每次品嚐醋時，似乎能想像得到，這瓶醋的背後，藏著多少時間淬煉出的風味，以及那一段從酒到醋的奇妙轉變～從小我就特別愛吃酸的東西，對醋更是情有獨鍾，甚至到了對醋品要求相當嚴格的程度。因為我發現，好的醋帶有豐富的層次感，而有些醋則讓人覺得刺喉，甚至讓舌頭有麻刺感，這樣的醋通常不是天然發酵的，對健康也未必友善，因此選對醋、選好醋相當重要。

每種醋的釀造方式與原料不同，因此各自擁有獨特風味，也影響著不同文化的飲食特色。一般來說，醋大致分為幾種類型：

- 水果醋（如蘋果醋、檸檬醋）：通常適合沖泡飲用，酸甜適中，但較少用於料理。
- 巴薩米克醋（Balsamic Vinegar）：歐洲料理中常見，由濃縮葡萄汁及葡萄酒醋混合，濃郁帶甜，可搭配水果、甜點，甚至直接滴在冰淇淋上，風味絕佳。

- **酒醋（如雪莉醋、葡萄酒醋）**：來自不同酒類的釀造醋，帶有酒香與複雜風味，可搭配水果、起司，甚至可以製作甜點。
- **穀物醋（如糯米醋、高粱醋）**：亞洲料理的靈魂，口感較為純粹，酸味明顯，帶有淡淡的甘甜感，能提升食物的鮮味與層次。

在亞洲的醋文化中，中國的四大名醋更具有悠久歷史，每一種都有其獨特的風味與用途：

- **山西老陳醋**：經過多年陳釀，酸味厚重，適合搭配麵食，或用來燉肉、涼拌。
- **鎮江香醋**：帶有淡淡的焦糖香氣，醇厚柔和，是搭配小籠包、餃子的絕佳選擇。
- **四川保寧醋**：發酵時間長，口感酸甜適中，特別適合涼拌菜或川菜調味。
- **福建紅麴醋**：因為加入紅麴發酵，帶有獨特的微甜酒香，非常適合燉煮海鮮或煲湯使用。

醋不僅能提升食物的美味，對健康更有許多好處。在中醫理論中，「酸入肝經」，適量攝取醋，有助於肝臟功能與氣血循環，並能幫助消化、調節身體的 pH 值，促進新陳代謝。科學研究也證實，天然發酵的醋含有豐富的有機酸與酚類化合物，具有抗氧化、幫助消化、降低血糖波動的作用。特別是像巴薩米克醋或高品質的米醋，適量食用不僅不會造成身體負擔，還能促進腸道健康，幫助脂肪代謝。

帶學員進行品醋體驗時，我都會精心準備各種醋，讓他們試著將醋搭配不同食材組合，透過實際體驗感受不同醋的風味變化。我會準備雪莉醋、高粱醋、龍蒿醋、香檳醋等，分別搭配海鮮、蔬菜、水果或肉類，讓學生親自體驗醋如何影響食材的風味層次。醋的搭配，常帶來意想不到的驚喜！有一次，我讓學員用香檳醋搭配海鮮，結果大家都驚訝地發現，這款醋能進一步突顯海鮮的鮮甜度，讓整道菜餚變得更有層次、更細膩。品醋，不只是嗅覺、味覺訓練，更是一種感官覺察，每種醋與不同食材搭配產生的滋味細節，唯有透過一次次的品味與比較，才能真正體會，也提高了自己的感官敏銳度。

日常生活裡的
品味練習 02

生活中無處不在的
「氣味藝術」和品味練習

當我們開始留意食物中的細節，每一次品味學習就會變成一場發現新世界的旅程。主動練習這種細微的觀察力，不僅讓我們懂得欣賞食物的美妙，更培養敏銳的感知能力，讓我們對生活中的種種細節更加珍惜。以品醋來說，我們可以自製天然沾醬及飲品，例如：橄欖油＋巴薩米克醋＋迷迭香或百里香，調配成高級沙拉醬或麵包沾醬。水果醋＋蜂蜜＋氣泡水，就是天然健康的醋飲，取代市售含糖飲料。米醋＋蒜泥＋辣椒的組合，就成為經典的亞洲風沾醬，提升食物的鮮味與層次。每一種醋都有獨特的風味與作用，下次品嚐醋的時候，不妨仔細感受它的酸度、甘甜度、層次變化，讓大自然的禮物成為我們飲食中不可或缺的風味亮點，也讓身體受益。

醋，還有助於調整心情！講到「吃醋」，我們立刻會聯想到嫉妒、不甘心，甚至帶點酸溜溜的情緒。其實，這個說法不無道理，因為「酸」這種味道，不只是味蕾上的感受，也可以象徵內心的小劇場──有時是愛情裡的小爭寵，有時是生活中的比較心態。

但其實，醋具有一種「轉化」的力量，就像我們吃完重口味的食物，例如辛辣、油膩或過鹹的料理，總會想來點酸酸的東西，例如檸檬水或醋，來幫助「刷新口腔記憶」，讓味覺瞬間恢復清新。這就是酸味的魔力——它不僅能平衡味蕾，還讓我們重新感受食物的純粹。

此外，適量攝取酸味食物，不僅幫助消化，還利於釋放積壓的情緒！消化系統本身就和情緒緊密相連！你是否也留意到，當壓力大、心情不好時，腸胃特別容易鬧脾氣？這是因為腸胃被稱為「第二大腦」，是情緒的主要反應區之一。吃醋≠負面情緒，反而是轉念的好夥伴！有時候，生活裡難免會有點「吃味」，但與其讓心情酸溜溜，不如真的來點好醋，讓身心都清爽起來！適時補充酸味，不僅讓身體運作更順暢，也能轉化情緒，讓我們更容易釋懷、恢復平衡。下次當你覺得自己「在吃醋」的時候，別光糾結於心情，倒不如真的去倒一點好醋，感受一下清爽的轉變，或許心情會因此明亮起來！

✦ 5 ✦ 品可可：打開感官，探究各種風味與愉悅感受

我從小特別喜歡巧克力，當我發現有「品可可」這件事時，內心無比興奮。感覺巧克力似乎不再被認為是罪惡的食物，練習品味它，能增加自己對於風味的體會和理解，就像品酒、品茶一樣。從可可果實到巧克力的轉變，需要經歷「栽種、採收、發酵、乾燥、烘焙、去殼、研磨、精煉、調溫、成型」這十個關鍵步驟。每個環節都需要精密調配，每一次選擇都影響了最終的口感層次，造就出千變萬化的巧克力風味。當我開始學習品可可，我才真正理解，巧克力的世界相當廣闊，每一顆可可豆的產地、發酵方式、烘焙程度，甚至氣候條件，都會影響巧克力的風味層次。巧克力不僅能做甜點和飲品，更像是一門藝術、一種能與大自然、文化歷史對話的美學體驗。巧克力也不只是甜點或零食，還可以入菜，成為料理中的風味元素。

不同產地的可可豆，各自擁有獨特的風味，世界各地有專業的品可可機構與巧克力專門店，販售來自全球不同產地的可可豆製成的巧克力，讓人們能夠細細品味和享受。在課堂上，我曾讓學

員品嚐來自印度、越南、台灣、哥倫比亞、馬達加斯加等地的巧克力，每一款都呈現不同的香氣與口感。有些帶有濃郁果香，有些則帶有堅果或煙燻風味，甚至能嚐到微妙的花香與泥土氣息。這樣的品味過程，讓人不僅感受到巧克力的美味，更是一場舌尖上的旅行，體驗各國可可的風貌。每次學員在品巧克力時，總會流露出幸福洋溢的表情，雖然巧克力是苦的，但那份苦卻像人生的歷練，經過時間的沉澱，才能品味出深層的甘美。每一顆巧克力都富有層次，從微苦到醇厚，再到回甘，彷彿我們走過的每段旅程──有挑戰、有堅持，但最終總能找到屬於自己的甜。

巧克力的儀式感與文化

　　巧克力不僅是涵蓋歷史的食物，更承載著豐富的文化與儀式感。在希臘神話中，巧克力被譽為眾神最喜愛的禮物，象徵著喜悅與幸福。情人節贈送巧克力的傳統，也源自於它所帶來的甜蜜與愉悅。而如今，各種精品巧克力的包裝設計精美，增添了儀式感，讓品味巧克力成為一種美好的生活體驗。當我們細細品嚐巧克力時，還能增加多巴胺，使人感到心情愉悅。因此，品味巧克

力不只是味覺的享受，更是為心靈帶來療癒。好的巧克力來自高品質的可可豆，無須過多加工與添加，可保留其營養，又不會帶來負擔，高純度的黑巧克力富含抗氧化物質與鎂，適量攝取不僅不會發胖，還能促進健康。走進可可的世界，就是開啟一場味覺、文化與情感交織的探索之旅。下次品嚐巧克力時，不妨放鬆心情，藉由味蕾感受來自不同產地的風味變化，讓這份來自大自然的饋贈為生活增添更多的幸福感與儀式感。

✦ 6 ✦ 品咖啡：體驗風土、烘焙帶來的香氣變化

咖啡、茶、酒這些飲品已經成為許多人飲食生活的一部分，相較於品鹽、品醋、品水，品咖啡、品茶、品酒的文化早已深入人心，甚至成為許多社交場合與書籍討論的熱門話題。

先來聊聊咖啡。為什麼咖啡總是帶著一種迷人的氛圍？或許與它的西方文化背景有關。記得在法國時，我曾造訪過著名的花神咖啡館（Café de Flore）和雙叟咖啡館（Les Deux Magots）。當地人喝咖啡的方式，總帶著一種愜意的優雅，讓人不禁沉浸在文

藝氣息與儀式感之中。雙叟咖啡館內還保留著海明威當年坐著寫《老人與海》的畫面，甚至可以品嚐「海明威早餐」。而花神咖啡館則是歷史上眾多文人雅士的聚集地，連畢卡索都曾在此作畫，為這座咖啡館更添傳奇色彩。

如何判斷一杯好咖啡？

很多人以為深烘焙的咖啡比較香，但其實過度烘焙反而掩蓋咖啡原本的風味，甚至破壞其中的營養成分。例如，綠原酸是一種存在於咖啡中的抗氧化物，對身體有益，但如果烘焙過度，就會被破壞掉。這也是為什麼好的咖啡通常不會選擇重烘焙，而是保留原本的風味層次。有個簡單的方法可以測試咖啡品質─讓它冷卻後再喝！

- **好的咖啡**：冷了之後風味依然豐富，甚至更加香甜、有層次。
- **劣質咖啡**：冷掉後變得苦澀、無層次，只剩下焦味與雜味。

咖啡豆裡還有一項重要物質──咖啡因，也和風味口感有關。咖啡因是植物為了對抗病蟲害而分泌的天然防禦機制。有趣的是，

咖啡豆的品種與生長環境，決定了它的咖啡因含量。例如：

- 阿拉比卡（Arabica）：生長在高海拔地區，病蟲害較少，因此植物不需要分泌大量咖啡因來保護自己，咖啡因含量較低，風味也更豐富、有層次。
- 羅布斯塔（Robusta）：生長在低海拔地區，容易受到病蟲侵擾，所以咖啡因含量高，帶來較苦的口感。

為什麼許多人誤以為咖啡會讓人心悸、焦慮？其實關鍵在於選擇的豆子與烘焙方式。如果你喝到的是優質的阿拉比卡淺焙咖啡，不僅不會讓人感到不適，反而有細緻的風味體驗。

下次當你品味咖啡時，不妨放慢節奏，感受它的細緻香氣與層次變化，前提是需要選擇精品咖啡，因為精品咖啡是經過專業杯測試杯測後選出來的好咖啡豆，同時必須是單一莊園單一品種，有身分證履歷的咖啡豆，並且使用淺中烘焙才能產生層次感。每當我帶著學員品咖啡或手沖咖啡時，總會驚訝於同一款咖啡在不同人手中竟能展現出截然不同的風味。這讓我深刻體會到，品咖

啡不僅是品味咖啡本身，更是對於手沖咖啡文化的探索與享受。挑選好的咖啡豆，撥點時間為自己手沖一杯咖啡，不僅能學習品味風味的細膩變化，更是體驗慢活的美好境界。

✦ 7 ✦ 品茶：一場與自己對話的茶香旅程

茶，是東方人生活中最常見的飲品，從手搖飲到傳統茶館，茶似乎無處不在。東西方的茶文化雖然各有不同，但都承載著時間的沉澱與品味的樂趣。

東方的茶種類繁多，根據發酵程度可以分為綠茶、紅茶、青茶、烏龍茶等，我們總習慣隨著四季更迭，挑選適合的茶飲。例如春天喝花香細緻的綠茶，夏天適合清涼的冷泡茶，進入秋冬喝烏龍或普洱，以溫潤身心。相較之下，西方茶飲如伯爵茶、英式早餐茶等，則以調和茶與香氣為主，風味鮮明，帶有濃厚的儀式感。品茶是一種感受風土和文化的體驗，優質的茶葉通常來自獨特的地理環境、氣候、土壤，甚至製作工藝也影響著它的最終風味。因此，在品茶時，我們會關心：

- **茶葉的產地**：來自高山還是平地？哪個國家的哪片茶園？
- **製作工藝**：發酵程度如何？是輕焙、重焙還是全發酵？
- **香氣與口感**：帶有花果香、木質香，還是獨特的陳年韻味？

這些細節，讓每杯茶都成為一場探索自然與時間的旅程。專注與茶對話的藝術、跟茶師學習在東方文化中相當普遍，其中茶道更是東方哲學的一部分。在中國茶道與日本茶道中，雖然形式不同，但精神一致，因為茶不僅是飲品，更是專注當下的修行。日本有部電影，片名為《日日是好日》，是日本國寶級女星樹木希林的遺作。片中深刻闡述了茶道的精髓：茶道練的不只是技藝，更是心境的修煉。當心真正靜下來，達到某種境界，便能體悟「侘寂」之美，那種接受時間流逝、不完美卻寧靜且深遠的境界。相較於咖啡的社交屬性，茶更像是一場與自己的對話，品茶的過程即是將心沉澱下來的過程。透過一杯茶，我們學會細細感受，學會在快節奏的生活中，找到一片寧靜。多了解茶，便能在日常飲品中，找到更多的樂趣與驚喜。下次當你端起一杯茶時，不妨閉上眼，聞一聞香氣，再慢慢啜飲，感受它帶來的諸多故事。

✦ 8 ✦ 品酒：感受酒液中的故事和情緒

還記得我剛開始學品酒的時候，完全是個門外漢。當時老師開了一瓶葡萄酒，每個同學都拿到一杯。結果，他們開始滔滔不絕地形容：「這支酒有礦石味！還有棉花、皮革、乾草捆的氣息！」聽得我一頭霧水，忍不住問老師：「我們真的在喝同一支酒嗎？」因為我從頭到尾，只感受到濃烈的酒精味。當時的我，對品酒的世界就像烏龜吃大麥——根本無從分辨層次。但隨著時間推移，我開始認真品味，將近一個月後，某一天，一切突然開竅了！葡萄酒的風味層次開始在我口中展開，那一刻我才明白，品酒不一定是與生俱來的天賦，而是需要慢慢訓練感官，讓味覺、嗅覺和記憶建立連結。

品酒的重點：練習感受，而不是猜謎遊戲

很多人以為學習品酒的關鍵是「能不能說出具體風味」，但我覺得每個人對氣味的記憶不同，心中認為的氣味不一定是同一個具體的詞彙或字，所以重點不是「猜味道」，而是「用心感受」。就像欣賞一幅畫，每個人看到的重點不同，喝酒也是如此。品酒

日常生活裡的
品味練習 02

　的目的，也不全然是為了說出「這支酒有黑莓、香草、煙燻橡木桶的風味」，而是去理解這支酒想要傳遞的故事與情緒。例如，葡萄酒本身就是農作物，它的風味會因產地、氣候、釀造方式而產生極大的變化。不同產區的酒，就像不同文化的語言，各有各的個性與魅力。例如：

- **法國香檳**：只有來自香檳區的氣泡酒，才能被稱為「香檳（Champagne）」，在其他地區只能稱為氣泡酒（Sparkling Wine）。
- **西班牙氣泡酒**：稱為 Cava，口感與釀造方式都與香檳不同，但同樣值得細細品味。

　而威士忌、清酒更是如此，產區、發酵方式、蒸餾工藝，甚至儲存酒液用的橡木桶，都會影響最終風味。這就是為什麼品酒時，與其執著於「能不能喝出某某味道」，不如多問問這支酒的產地、年份、釀造方式，讓品味過程更有層次感。

　現在的品酒文化，早已不只是「乾杯！」這麼簡單，而是品味

/ PERCEPTIONS OF SCENTS /　　　　　105

生活的方式，探索風味的世界。從品酒俱樂部、威士忌沙龍，到清酒專門店，世界各地都興起了「慢飲」的風潮，不是比賽誰能品出最多的風味，而是透過一杯酒，體驗風土、職人精神，甚至是釀酒師想傳遞的核心精神。所以，與其擔心自己喝不出「礦石味」，不如放鬆心情，專注感受一杯酒帶來的情緒與故事。或許下一次，就會發現自己真的喝出了一點不同的層次，而這正是品酒最迷人的地方。每次帶學員去品酒，看到每個人微醺的狀態，就能看到彼此內心也有柔軟可愛的地方，即使平時再硬邦邦的人，都能讓自己放鬆打開心房，這是一起品酒能提供的最佳情緒價值。

日常生活裡的
品味練習 **02**

柔軟,是藝術的力量;
發現美,是感官的奇蹟。
我想用這樣的藝術,把世界輕輕撼動。

認識空間能量調頻

在上一章，談了八個關於品味的練習。真正的品味並非高不可攀，而是藏在生活裡的那些小細節與小美好——比如一杯剛剛好的茶香、一口潔淨的水、一個讓你心情舒展的空間。當一個人開始學會「品味生活」，其實也正在學習照顧自己的感受，尊重內在的節奏。唯有先喚醒感官，我們才能真正體會所處空間的氛圍與細膩感受，這份「感受力」是一種對頻率的覺知能力，也正是空間氛圍管理的起點。

這裡想再次強調，「空間」不只是外在擺設、美感堆疊這類改變環境的可視方式，**而是讓人與空間產生對話，是一種由內而外**

從人體到外在空間
的能量調頻 **03**

的能量共振，讓內在狀態與外在空間形成和諧共鳴。從喚醒感官開始，是進入頻率世界的第一步，再調整空間頻率。這當中包含：

- **視覺**：感知光波頻率
- **聽覺**：感知聲波頻率
- **嗅覺**：感知氣味分子的化學頻率與能量場
- **味覺**：感知物質的分子結構與化學頻率
- **觸覺**：感知振動、溫度與壓力的物理頻率

為什麼需要「頻率感知」？

所謂的「頻率感知」，第一步不是頭腦分析，而是——**重新打開我們的感覺**。這個感覺，不只是用眼睛看、耳朵聽、鼻子聞，而是整個人進入一種「全身有感」的狀態。因為只有當我們的感官真正覺醒，直覺力才會跟著甦醒。我常說，**直覺力就是這個時代最需要的超能力**。它不是神秘學，也不是玄學，而是一種**生活裡極度務實的覺察能力**。你有沒有過那種「心裡突然有個聲音提醒你不要做某件事」，結果你聽進去了，避開了一場災難？或是

走進一個空間,什麼都還沒發生,你就覺得氣氛怪怪的?這些,其實都是直覺在說話。在現今這個節奏快、情緒雜、人際壓力大的時代,如果你沒有直覺力,真的很容易被情緒拉著跑、被能量拖下水,甚至有時被掃到颱風尾卻不知道是什麼原因。

但如果你有直覺,你就可以在第一時間察覺環境的能量是不是適合自己;快速判斷眼前的人是不是值得信任;甚至不用等別人開口,就已經感受到他內在的狀態。**這不只是自我保護,更是一種身心自主的能力。**而這份力量,來自於你願不願意重新啟動你的「感官雷達」。因為直覺不是練來的,它是「你本來就有的」,只是你太久沒聽它說話了。所以,當你願意回到身體,打開感覺,連結自己,你就會發現,**直覺就像導航一樣,默默地為你開路。**這條路,比你想像的還安全、還準確、還美好。你只要學會聽,就永遠不會迷路,這是每個人都能啟動的空間能量感知力。每次我教調香時,總能透過每個人調出來的香氣便能感知這個人現在的能量狀態,許多學員都好奇我怎麼有辦法「聞相識人」,原因有二,一個是經驗,一個就是培養直覺力,如此就能與香氣頻率對話。

空間氛圍與人的關係

認識空間氛圍之前，得先認識空間。空間可分為：我們體內的小空間——包含細胞、體腔、生理系統、情緒的流動等，認識體內空間後，我會用古印度阿育吠陀的七脈輪說明人體空間的能量。另一種則是人體以外的大空間——例如空間中的光、氣味、聲、色、香，以及我們與空間互動的方式。在古人流傳下來的智慧裡，其中一項是風水，以現代語言來說，就是空間能量的流動與和諧，不同的空間有不同的作用，比如臥室、辦公室、飯廳、廚房等都有不同功能，需要營造不同的氛圍。我們今天不是拿羅盤、不是學風水陣法，而是用新時代的方式——以「空間氛圍」來看待「空間與人的關係」，進一步為空間氣氛調頻。

你應該也遇過，有些人一走進空間裡，氛圍瞬間變得輕鬆、愉快；但有些人卻帶來無形的壓迫感，這不是錯覺，而是一種磁場頻率的共振現象！2015 年，荷蘭烏得勒支大學（Universiteit Utrecht）的學者賈斯柏德古特（Jasper de Groot）和他的團隊在《心理科學》（Psychological Science）期刊上發表了一項超有趣的研

究，他們發現快樂，是可以「聞」得到的！這項研究指出，當一個人真正開心的時候，他的體味（像是汗味）其實會釋放出一種「快樂信號」，讓同空間的人也能感受到這股幸福氛圍，甚至會不自覺地露出開心的表情。這讓我想到，為什麼家裡有小嬰兒時，整個空間總是特別溫暖、充滿愛的氣息，因為嬰兒的純真快樂會「滲透」到環境裡，他們的能量場是發散型的，所以家人也會跟著感受到那種單純的幸福感。更有趣的是，不只是快樂，連負面情緒也會透過氣味傳遞！這就很重要了！你有沒有過進到某個環境，雖然大家都在笑，但你卻感覺氣氛不對勁，壓力大到讓人透不過氣？這是因為空間裡瀰漫著「不開心的能量」，即使大家嘴角上揚，身體還是會誠實地「散發」出壓力訊號。反過來說，如果你真心快樂，你的氣場就會影響周圍的人，讓整個環境的氛圍變得輕盈、自在！這也就是為什麼我一直強調「嗅覺訓練」，不只是學習辨別氣味，而是學會察覺自己與周遭的氣場！因為我們每天散發的味道，絕對不只是香水或洗髮精的味道，還包含了你的情緒、你的狀態、你的能量頻率！

從個人的小空間調頻開始改變

　　若以大空間來說，許多的網紅店一進門就讓人覺得整體氛圍佈置讓人好有「感覺」，這種「感覺」就是一種空間的氛圍。以人體小空間來說，有些人一看就會覺得他是國外回來的 ABC，或是看起來好像明星，每個人也都會擁有屬於自己的氛圍與光環，也可以稱為每個人有不同的魅力。這樣的氛圍沒有絕對的好壞，端看你喜不喜歡，在這樣的氛圍裡是否感覺到喜悅與自在，這才是空間調頻的主要目的。讓空間和人都能回到最舒適狀態的能量對話，就是我這些年做的事，從幫助人體的小空間執行空間氛圍管理，到飯店、建築、品牌調配出專屬香氣等大空間。這一切的核心，都是在幫助每個人、每個空間，找到最適合自己的節奏與氛圍。調頻，不只是香氣。它可能是一幅打動人心的畫作、一段讓人放鬆的音樂、一個柔和溫潤的燈光，或是一抹令人安心的色彩。當這些細節彼此開始有「默契」，空間就開始有了生命，人的心也會因此被安放下來。好的空間，不喧嘩，但會用能量說話。香氣是看不見的設計，卻能悄悄改變你的一整天。

在這個章節裡，我想邀請你，先從自己開始。從你的呼吸、你的感受、你身體裡那個安靜卻充滿智慧的小宇宙開始認識。當你與自己對頻，就更容易與世界、與空間、與他人連結。當你內在對頻，整個世界都會變得剛剛好。空間，其實早就有話要對你說。你準備好傾聽了嗎？當我們每個人都願意先改變自己，慢慢地，社會氛圍也會因此而改變，不要覺得自己只是一個小螺絲釘，當我們的好能量在空間裡運作的時候，也能創造出更多好的能量讓世界變更好。

大眾對於「調頻」可能有的誤解

有些學生會問我，我們可以和內在對頻，那麼也能「調頻」嗎？這個部分很重要。許多人以為「調頻」就是當情緒來的時候，深呼吸三次、聞一下薰衣草，然後強迫自己變溫柔一點。但說實話，情緒不是壓下去就沒事，它會躲起來，等你生理期來之前、開會前、老公講錯一句話的時候，統統炸回來。

所以我常說，調頻不是壓住情緒，而是「改變你處理情緒的體

03 從人體到外在空間的能量調頻

質」，讓你變得更有格局，時常練、天天練出有彈性的「內在空間」，然而，這需要每天提醒自己、反覆練習，才會內化成為一股力量。當你的內在開始發出新的頻率，就會影響行動、扭轉命運，那些你原以為搆不到的機會、人和未來，就會開始靠近你。這時候「氣味覺察」就會發揮影響力了，因為氣味是最快能連結到腦部、又不會跟你吵架的提醒工具。它不會說教，卻能偷偷把你的自律神經拉回來。例如，你聞的是玫瑰，其實安撫的是你心裡那個覺得自己不夠好的小孩；你吸嗅的是檸檬，刺激的可能是你對生活重新開始的勇氣。

大衛・霍金斯博士曾說：「感恩」是最高頻率。但很多人不知道怎麼感恩，其實你只要每天聞一次能讓自己笑出來的香氣，或是感受到「啊～好舒服」的那一刻，你就在對世界說：「謝謝你，我還能感受。」

如果你想透過氣味來改善人際關係、調整意念、建立個人形象或轉化能量，那麼第一步，請先從「嗅覺」開始練習覺察。我常說：「相由心生，香由心動。」氣味表現的，不只是外在好不好聞，

而是你內在此刻的頻率與狀態。當你聞到一個味道，請先問問自己：「我為什麼喜歡？為什麼抗拒？」每一次誠實的回應，都是面對自己情緒的練習。

我們可以透過「脈輪系統」或是「香氣的調性偏好」來觀察自己。例如你偏好甜美、溫暖的香氣，也許代表渴望被理解與療癒；你會強烈排斥某種氣味，也可能是內在藏著某一塊尚未被接納的自己。我很建議你準備一本「香氣日記」來練習覺察，每天寫下對一種氣味的感受，你會從中發現，對於香氣描述的用字遣詞藏著你的思維模式——是喜悅？壓抑？還是批判？有些人對於不喜歡的味道反應非常強烈，從這裡也能看見我們面對世界的包容力是否夠開闊。

氣味能觸發情緒、
記憶以及反映當下的你

當你開始對氣味有了覺察，其實就是在開啟一扇與內在對話的門。你會發現，原來氣味不只是好不好聞，它會悄悄地觸發你的情緒、記憶，甚至反映你此刻的狀態。找到你真正喜歡、會讓你

從人體到外在空間
的能量調頻　03

感到安心或快樂的香氣，是自我調頻的起點。當你願意觀察自己對香氣的喜好與抗拒，嗅覺就會成為一種整理情緒的工具，幫助你回到內在的平衡。

除了香氣日記的書寫，還可以在生活中創造香氣儀式感，不論是一滴精油、一杯剛煮好的咖啡，或是一顆柑橘的果香，這些氣味不只是陪伴，更是提醒：「現在的我需要什麼？」每天為自己選一種氣味，其實就是對自己說：「我值得被好好對待。」情緒，是會被氣味觸發的；而氣味，也能協助我們重塑記憶、修復感受，更是我們內在磁場的延伸。**你的想法會影響神經系統，而神經系統會透過電流傳導到全身，形成一種看不見的能量場。**例如當你處於焦躁或憤怒時，大腦會發出壓力訊號，觸動神經系統，心跳加快、肌肉繃緊、語氣提高，甚至臉部表情不自覺緊張起來。這時候，你的磁場就會變得緊繃，也容易吸引到同樣頻率的人或情境。反過來說，當你的內在是穩定、柔軟、有愛的，你所散發出的磁場，就會讓人想靠近，也會吸引到溫和、有共鳴的互動。當你因氣味而調整思維，大腦會啟動神經傳導，這些電流在身體內產生磁場，而你的磁場會吸引與你同頻的人、事件與機會。

/ PERCEPTIONS OF SCENTS /

久而久之，這些香氣會替你累積更多美好的記憶，而你的情緒系統也會開始相信：快樂，其實可以被選擇。但記得，氣味只是工具，真正的轉變，來自那顆「我想改變」的心。否則你噴了一屋子的玫瑰，心裡還在怨人生，那香氣也只是陪你漂漂亮亮地抱怨而已。氣味，是一種溫柔而真實的提醒，它會不斷把你帶回你是誰。當你開始聞懂自己，也就開始活出屬於自己的氣場與人生韻律。真正的改變，是當你願意為自己挑選香氣的那一刻，就已經在為自己重新定頻。

> 真正的魅力，不在於被看見，
> 而是氣場讓人不自覺靠近。

從人體到外在空間
的能量調頻 03

人體就是能量場，
你的頻率決定了磁場

　　我們常說一個人有「氣場」或「磁場」，這種感受不是透過眼睛看，也不是用耳朵聽，而是當你遇見這個人時，會有一種直接的感受。有趣的是，許多研究指出，一個人的情緒會釋放出化學信號，這些信號會透過嗅覺影響他人，進而傳遞我們的氣場、磁場與情緒狀態。所以，**你的氣場其實就是你的「無形香氣」**，而你的頻率，會造就空間的氛圍。這也解釋了為什麼有些人天生特別有吸引力，跟他們在一起就覺得放鬆、舒服，而有些人則讓人感覺到壓力或沉重——因為我們每個人都在用自己的能量場影響周遭的環境。那麼，問題來了，我們該如何調整自己的氣場，讓自己成為「能量補給站」，而不是「情緒耗能者」呢？在東西方

古代智慧中早已經發現，人本身就是一個能量體。

- 在東方醫學（中醫）中，我們透過五行（金木水火土）與十二經絡來描述人體能量的流動與平衡。
- 在西方自然醫學（例如阿育吠陀 Ayurveda），則是透過脈輪（Chakras）地、水、火、風四大元素來詮釋人體能量的運作方式。

從古印度阿育吠陀七脈輪
認識人體的小宇宙空間

雖然兩者的語言不同，但核心概念相通，人與自然是共振共生的。當我們學習芳香療法時，經常會接觸「脈輪系統」的概念。這是因為芳療起源於西方自然醫學，而這套系統正好能夠幫助我們理解人體的能量場如何運作。美國的研究也發現，脈輪是沿著中樞神經排列，從大腦延伸到整條脊椎，與人體的神經系統有著緊密的連結。這代表了我們的思維與情緒狀態，會直接影響能量場，也就是我們的「氣場」！當我們腦中出現一個念頭，並因此

產生情緒時，大腦就會立刻啟動神經系統，快速傳遞訊號並釋放激素，讓身體做好行動或反應的準備。所以，思維不是單純在「想事情」，它其實會帶動我們的情緒，接著影響我們的行為。可以說，我們的中樞神經系統就像一台聽命行事的機器，所有的指令都是從大腦的想法出發的。這也就是為什麼——脈輪的能量場會跟我們的思維狀態息息相關。如果腦中都是焦慮、害怕或憤怒，那身體的能量流動就會變得卡卡的；但如果我們練習轉念、保持正向思考，整體能量頻率就會變得輕盈、穩定、有流動感。

想改變能量場，第一步就是從「轉念」開始，思維對了，頻率就對了，人生也會隨之越來越順。能量場如何影響我們的身體、情緒與人際關係？舉個例子，當我們充滿正向思考，能量場是擴張的，大腦會分泌「快樂荷爾蒙」血清素，脈輪的能量也會流動順暢，與外在能量共振，讓人際互動變得更輕鬆愉快。當我們長期處於負面情緒，能量場是收縮的，大腦會產生壓力荷爾蒙（如皮質醇），讓身體進入「戰鬥或逃跑模式」，能量阻塞，甚至影響健康。這就是為什麼，有些人天生自帶「吸引力」，而有些人則讓人想逃開——因為你的能量場，決定了你的吸引力！當我們

懂得如何調整內在能量場，我們就能創造一個好的磁場，讓人願意靠近，讓空間氛圍變得更和諧，甚至改善人際關係！所以，當我們學會透過香氣來調整自己的頻率，不只是改善自己的狀態，響整個空間的氛圍！內在能量場就是我們「散發出來的無形香氣」，時常保持快樂正向，就是最好的能量場管理！

活在當下，是療癒和轉化的核心

幾乎所有的疾病，都是情緒在身體裡的實體化表現。我們並不容易察覺自己的思維到底哪裡出了問題，但可以透過身體釋放出來的訊息，反過來了解：內在有哪些念頭需要被覺察、被轉化。在《一切安好：結合醫學、肯定句與直覺力的身心靈完全療法》（露易絲‧賀 Louise Hay 與蒙娜麗莎‧舒茲 Mona Lisa Schulz 合著）書中，作者以結合醫學、科學與直覺的方式，深入說明唯有身心靈同步療癒，才是真正完整的治療。書中也強調，所有疾病的根源，其實都與我們的思維模式有關。當我們開始理解身體訊號蘊藏的情緒與想法，療癒的道路便就此展開。療癒從來不是對抗疾病，而是回到自己、聽懂身體、重新選擇內在的頻率與語言。

從人體到外在空間
的能量調頻　03

　　如果我們能透過「香氣」這樣的工具去探索自我思維，讓自己學會轉念，就是學會了調頻，藉此幫助身心靈重獲健康。

　　在過去，我曾經歷一段與罕見免疫系統疾病共處的時光，在那段期間，我走過許多身心靈療癒的旅程。慢慢地，我發現，這場病不只是身體的問題，更是一面鏡子——讓我看見自己被以往的記憶綑綁，內心藏著許多沒被釋放的負面思維。透過疾病，我意外地打開了一扇門，開始看見潛意識裡從未正視的情緒與信念。我也深刻體會到，所有的情緒反應，其實都源自曾經的經驗與記憶。想要真正走向療癒，就必須創造出新的、美好的記憶，來取代那些限制我們的過去，因為每一個新的好感受，都是我們給自己的一次重新選擇。有一天，我靜靜地坐下來，專注地品味手中的咖啡，就在那一刻，我突然有個深刻的領悟：原來，過去、現在與未來，其實是交會在同一個點上的。我能在此刻感受到咖啡的香氣，是因為過去的經驗曾經教會我如何去辨認、記憶這股氣味；而當下這一刻的感受，又會進一步在我的記憶裡留下印記，影響我未來再次遇見這股香氣時的感受與解讀。也就是說，過去讓我有了感知的基礎，而現在的我正在創造未來的感知。於是我

明白了——其實，沒有真正獨立存在的過去，也沒有預設好的未來，所有的感受、所有的力量，都發生在當下，換句話說，活在當下，是一切療癒與轉化的核心。

而真正的療癒與自由，也就藏在這個「當下的覺察」裡。只有當我們真正理解——綁住我們的，其實不是他人，也非事件本身，而是我們對那些記憶的解讀，與當時所留下來的情緒與感受，我們才有機會真正鬆開內在的枷鎖。也就是說，我們受困的，不是「發生了什麼」，而是我們「如何看待它」。一旦我們願意改變對記憶的解讀方式，學會換個角度看待曾經的經驗，轉念就發生了。當念頭轉變，思維隨之改變，內在的能量頻率也會開始轉動，從卡住、壓抑，慢慢轉向流動、釋放與自由。這就是轉念的力量。它不是否認曾經的痛，而是重新選擇如何與那段記憶共處，然後帶著新的能量往前走。

七脈輪的思維關鍵字
與相關疾病

　　接下來，我會說明每個脈輪所代表的思維意涵，同時加入了脈輪能量如果受阻可能會引發的身體症狀。脈輪是一門非常精深的傳統醫學，為讓沒有接觸過的人更易理解，我做了以下整理，介紹七個脈輪的思維意涵、關鍵字以及容易引發的疾病，讓大家透過與身體的對話更認識自己。

　　脈輪調頻的方法就是調整思維、擁有正面思考。脈輪中有許多被封印的天賦密碼，當我們能量頻率提高、人心被淨化，能開始明白來地球的意義，找到生命的方向，脈輪封印的天賦密碼便會開啟。

頂輪

| 思維意涵及關鍵字 |
尋找人生的目的、改變、宇宙連結

　　我們人生最大的渴望之一，其實不是擁有什麼，而是找到「我是誰，我為什麼在這裡」的答案。這樣的渴望，來自於頂輪——掌管我們整個頭部、意識系統與靈性連結的能量中心。頂輪，是我們與宇宙、與更高智慧、與靈魂源頭之間的橋樑。當這個脈輪暢通時，我們會感受到一種無形的支持與連結，知道自己存在是有意義的，是被安排來完成某個獨特的任務。但如果頂輪的能量受阻，我們會開始感到迷惘、失落、空虛。

　　尤其隨著年齡漸長、生活經歷越來越多，若內在的靈性方向仍不明確，就很容易陷入一種「每天忙碌，但不知道在忙什麼」、「活著，但沒有感覺在發光」的狀態。頂輪的能量思維，其實是這樣的：我相信我來到這世界，是有目的的。我的存在與宇宙有連結，我不是偶然。我願意敞開自己，去接收宇宙能量的訊息與指引。

從人體到外在空間的能量調頻 03

我願意讓生命的改變成為覺醒的契機。當你開始問：「我的靈魂渴望什麼？」、「我的人生，是不是可以不只是生存，而是真正地活著？」這就是頂輪開始甦醒的訊號。頂輪的開啟不在於追求宗教儀式，也不是刻意修行，而是來自日常生活中對自我存在的深刻覺察與探索。是你願意停下來，看見生命的脈絡，願意相信，宇宙一直都在，祂沒有忘記你，而是你正在找回與祂的連線。當你靜下來呼吸，當你願意問自己：「我的靈魂，來地球的任務是什麼？」那股來自宇宙的愛與智慧，就會悄悄地透過直覺、透過氣味、透過一段話語、一個當下，進入你的生命，讓你再次記得——你是有光的，你是有使命的。

【容易引發的疾病】

頂輪的疾病，往往並非單一脈輪的問題，而是其他能量中心長期堵塞、沒有被看見與療癒，最終轉化成慢性病、退化性疾病，甚至威脅生命的重大疾病。

我常看到有些人，因為內在某個脈輪的能量失衡，情緒長期被壓抑，內心深處充滿未解的糾結與對抗，便一路陷入小我的世界

──例如被過去的傷、他人的批評、人際的恩怨、情緒的糾葛困住。當一個人被困在這樣的低頻狀態裡時，哪裡還有空間去思考：「我來地球，是為了什麼？」頂輪的開啟，來自於我們願意放下小我，提升視野，選擇用更高的格局來看世界。當我們學會從靈魂的角度來看待人際關係，而不是只是從情緒的反應看待對錯；當我們願意不再計較誰對誰錯，而是去看見彼此的靈魂可以互相成就；當我們不再只是生存，而是活出「為什麼而活」的使命感，從這一刻起，頂輪就會開始發光。打開心胸，是頂輪真正的入口。讓我們不再只是修補舊傷，而是願意活出新的意義。

　　當你選擇與大我對齊，選擇相信自己的存在有更深的價值與愛的流動，那個來到地球的理由，就會慢慢清晰起來。你不是來受苦的，而是來記得你就是光與愛的化身。

眉心輪

| 思維意涵及關鍵字 |
洞察力、直覺力、豁然開朗、靈性

　　在我陪伴人們透過氣味重新認識自己的旅程中，我常感受到一件事：現代人匆忙地接收資訊，卻越來越難看見真相。這也正是許多人眉心輪（第三隻眼）能量逐漸受阻的原因。眉心輪掌管著我們的直覺、洞察力、覺知與靈性視野。它就像我們內在的導航儀，幫助我們穿越混亂，看清本質；讓我們在資訊爆炸的世界中，仍能做出貼近自己靈魂的選擇。但要讓這個導航運作，我們首先得問問自己：我是否相信自己的直覺？我是否能夠靜下來，不只是「看見」世界，而是真正「看懂」？我是否願意用更高的視角，去理解一件事背後更大的脈絡？我是否願意相信，很多答案，其實已經在我心裡？

　　眉心輪的思維是立體的、開闊的，它不急著下結論，而是願意觀察、覺察、整合。它可以提醒我們：「不只用眼睛看，更要用

心去看。」然而，現代人每天都低著頭滑手機，習慣從螢幕裡接收世界，卻很少抬頭去看看天空、看看大地、看看人與人之間無聲的情緒與氛圍。當我們只依賴手機裡的資訊，甚至人云亦云地相信未經查證的內容，久而久之，我們就活在一個「被餵養的認知泡泡」中。也正因為這樣，才有那麼多的網路暴力與集體盲目發生。這不只是一個社會現象，更是集體眉心輪的堵塞。當眉心輪能量受阻，我們的世界觀會變得狹隘，容易情緒化、容易放大恐懼，也很難做出有覺知的選擇，最後甚至可能陷入無法面對現實的無助與崩潰。但當我們願意放下判斷、回到覺知，當我們願意相信直覺的智慧，其實正是我們內在最高的導航，那一刻開始，我們就重新打開了第三眼，看見了不一樣的世界，不只是看得遠，而是看得更深，看見真相，也看見希望。

【容易引發的疾病】

隨著理性思維的快速發展，這個時代越來越強調效率、邏輯與知識的堆疊。我們的左腦被大量使用，但右腦——那個感受、直覺、美感與靈性連結的空間，卻慢慢被忽略了。一旦眉心輪的能量開始受阻。當這個能量中心不再流動，大腦與感官系統也會出

現各種訊號：注意力不集中（ADHD）、失眠、黃斑部病變、甚至失智症等，這些都不單單只是生理上的老化或退化，而是一種長期「內在視野」被關閉的結果。因為我們一直活在思考中，卻少有時間去「感覺」。我們不斷汲取知識，卻不再靜下心欣賞一幅畫、一段旋律、一個夜晚的星空。當生活只剩下邏輯與目標，而缺乏藝術、美感、靈性與直覺的滋養時，人生也會漸漸變得乾枯、狹隘，彷彿看得見資訊，卻看不見真相。**眉心輪是在提醒我們：感知與理解，從來都不只能靠左腦。真正的覺察，是左右腦的平衡，是理性與直覺的合作，是在資訊中找回智慧，在混亂中保有清晰。**當你願意讓自己暫時放下控制，放鬆地呼吸、感受、看見、聽見，那個你早已具備的洞察力與靈性感知力，就會慢慢甦醒。那是眉心輪重新打開的契機，也是你真正看見世界、看見自己的起點。

喉輪

| 思維意涵及關鍵字 |
溝通、表達、我有話要說、傾聽

　　我們常說「說出來就會好一點」，其實這不只是指語言本身，而是一種內在能量的流動。喉輪的位置在頸部，是頭與身體之間的橋樑。它象徵著「思考」與「行動」之間的協調，也代表我們是否能把心裡所想、身體所感，用清晰而真誠的方式表達出來。很多人常說：「我不是不想說，只是不知道怎麼說」、「說了也沒人懂，不如不說」，這些話反映出喉輪的能量正在收縮。我們從小可能不被鼓勵表達情緒，受到的教育通常是「乖一點、聽話一點」，久而久之，我們就忘了怎麼說出自己真實的感受，甚至連自己的需求是什麼都不清楚了。

　　喉輪的思維常會問：「我有資格說嗎？」、「我講出來，會不會被拒絕？」、「我說了，有人會聽嗎？」、「我說出真心話，是不是太冒犯？」，但其實，表達不是吵架，不是爭輸贏。表達，

從人體到外在空間的能量調頻　03

是一種邀請對方進入你世界的橋樑。真正有力量的表達，其實背後藏著「傾聽的能力」。許多人不太願意表達，或是不知道怎麼說，並不是因為他們不會說，而是平時缺少練習傾聽別人的需求。**唯有先懂得聽，我們才會知道怎麼說。當喉輪能量順暢時，我們能自在說出自己，也能從容地聽見他人；我們不會急著辯解，也不會委屈吞忍，而是帶著溫柔與尊重，讓話語成為一種連結的力量。**

【容易引發的疾病】

我觀察到，現代人有越來越多溝通和表達困難相關的問題。不敢說、說不好、說了怕被誤會，或是乾脆選擇沉默，久而久之，那些沒有被釋放的情緒與想法，便會默默堆積在身體裡。而身體不會說謊。你會發現——口腔問題、頸部僵硬、甲狀腺功能失調，甚至長期喉嚨卡卡、聲音沙啞，其實都與喉輪能量的受阻有關。特別是現在的人，幾乎人人肩頸緊繃、頭部無法放鬆，這正反映出來自「溝通壓力」的身體訊號。那些沒有被聽見的話語、沒有被理解的情緒、還有那些「其實很想說，卻說不出口」的念頭，都靜靜地壓在我們的肩上、鎖在我們的脖子裡。喉輪的療癒，不是單單讓我們能說話，而是讓我們能安心地表達自己，也安心地

被聽見。當我們願意練習說出來，也願意學會聽進去，整個人就會慢慢鬆開、柔軟，甚至連頸部都會逐漸放鬆。你會發現，那些藏在身體裡的壓力，不是不能說，而是你曾經以為「說了沒用」。但現在，你可以選擇讓自己重新被聽見。

心輪

| 思維意涵及關鍵字 |
愛與施與受之間的平衡、真實的快樂、接受、包容

我們常常以為，「愛」就是無條件地付出，是不求回報，是不喊累、不說不。但其實，真正的愛，是一種能量的流動，是在給予的同時，也能敞開心接收。心輪掌管著我們的愛與連結，情感的開放與自我價值感。這個能量中心，就像是我們內在的「情感中樞」，它衡量著我們在付出與被愛之間，是否有保持一種健康的平衡。

從人體到外在空間的能量調頻 03

　　當心輪的能量健康時，我們會感受到發自內心的喜悅，那不是來自討好他人或犧牲自我，而是源於一種穩定且深刻的「我值得，也願意被愛」的信念。但許多時候，我們在成長的過程中被教導要「善良」、「體貼」、「無私」，久而久之，我們將「愛自己」誤解成「自私」，也讓「被愛」變成一件必須靠表現換取的事情。你是否曾有過這樣的經驗：明明努力付出，卻感覺不到被理解；你總是為別人設想，最後卻只有自己感動自己？這時，其實心輪已經在提醒你——真正的愛，從來不是單向的，而是一種雙向的滋養與共鳴。**心輪的思維會這樣說：我願意愛人，但我也值得被愛。我可以付出，但我也允許自己接受。我看見他人的需要，但我不會忽略自己。愛，不是犧牲，而是豐盛流動的交換。**當心輪能量流動時，就不會用愛來證明價值，而是透過愛來真誠地連結。我們會溫柔而堅定地愛著自己，也溫柔地看見別人。我們知道，愛是一份無形的禮物，而我們本身，就是值得被愛的存在。

【 容易引發的疾病 】

　　我曾經在安寧病房工作，那段時間讓我深刻體會到——許多疾病智源頭其實是「心」，特別是當心輪能量長期受阻時，身體也

會跟著沉默地吶喊。我遇過許多患者，他們的心臟、肺部、乳房出現問題，不一定有明顯的危險因子，像是很多罹患肺癌的家庭主婦，她們不抽菸、不喝酒，甚至生活習慣非常單純。但每天都在為家人操持、煮飯、照顧大小事，卻從未真正為自己留下一點空間。她們的共通特質是——一直給，卻很少收到；總是撐，卻不曾被理解。有些罹患乳癌的女性朋友，外表看起來堅強無比，像無敵鐵金剛一樣什麼都能扛。但在那副堅硬的盔甲裡，其實藏著一顆渴望被呵護、被理解的心。她們把愛變成責任，把給予當作義務，卻忘了：愛需要流動，而不是單方面的付出。作為女人，被愛不是一種懦弱，而是一種深層的柔軟。柔軟，不代表就是脆弱、就得被照顧，也不是失能；當我們學會允許自己放下盔甲，學會接受、被擁抱，心輪的能量就會慢慢打開。那是一種「我值得」的感受，是從心流動到全身的療癒。身體永遠不會說謊，它只是用自己的語言提醒你：「你也該回來愛自己了。」

當然，這世界上不只是女性在愛裡受傷，許多男性同樣也面臨著「愛的施與受」之間的困難。他們或許不習慣說出口，也不擅長表達自己的脆弱——因為從小就被教導要堅強、要忍耐，甚至

連「男人也會累」這句話，都說得有點不好意思。但那些沒說出口的情緒、那些一直撐著的壓力，最終也會累積在身體裡。我看過很多表面堅毅的男性，直到身體出了狀況，才願意慢下來，才開始學習去理解自己的需求、去傾聽自己內在的聲音。所以這個世界上每一個人，都需要被照顧。越是嘴硬的人，心往往越柔軟，也越渴望被理解。而當我們願意承認自己也需要被愛、願意打開那扇讓愛進來的門，心輪的能量才會真正開始流動──不再只有給，也開始願意接收。

太陽神經叢

| 思維意涵及關鍵字 |
情緒表達、自我定位、自我感覺、
自我概念、自尊

在我多年教學氣味陪伴與情緒引導的經驗中，發現太陽神經叢

是一個與「我怎麼看自己」非常有關的能量中心。它位於胃部、肚臍與心輪之間的位置，是我們內在力量的源頭，決定了我們在世界面前如何站立。太陽神經叢的能量，來自於你怎麼定位自己、怎麼建立自己的自尊感，以及你是否允許自己真實地表達情緒。

當我們從小被教導「要當好人才能被愛」、「不要麻煩別人」、「把別人放在第一才是有修養」時，很多人會在潛意識裡否定自己的需求，把真實的情緒藏起來，甚至忘了自己到底是誰。太陽神經叢的思維常常像這樣：「我是不是太情緒化了？」、「我這樣會不會太自私？」、「我這樣說話會不會讓人不喜歡我？」、「我應該要懂事一點，體貼一點，壓抑一點。」，這些話語，久了就像一道道看不見的牆，把我們真實的感覺困在裡頭。我們習慣討好，習慣壓抑，甚至一輩子在為別人活，卻從沒問過自己：「我想怎麼活？」，當太陽神經叢能量受阻時，常會出現胃部不適、消化系統問題、因緊張或壓力產生的腹痛，甚至有一種「被生活掏空」的感覺。因為你用盡了力氣扮演別人想要的你，卻忘了活出你自己。但當太陽神經叢的能量流動起來，你會感受到一種由內而外的穩定感與自信。你會明白──做自己不是自私，是一種

從人體到外在空間
的能量調頻　03

健康的界線，是讓內在力量真實發光的開始。從願意看見自己的情緒開始，從一句「其實我感到不舒服」開始，都是重新連回內在力量的起點。而透過氣味放鬆，也可以是一個很溫柔的開端。讓我們從香氣中練習辨識感受、說出心聲，慢慢地，你會發現那個有力量、值得被尊重的你，正在回來的路上。

【容易引發的疾病】

　　我相信多數人一定都有過這樣的經驗：當你緊張到極點的時候，胃突然開始抽痛；或是在焦慮、不安時，會一口接一口地吃東西，好像藉由吞嚥，把某種說不出口的情緒壓下去。這些，其實都是情緒沒有出口時的身體反應。而這些訊號，往往與我們的太陽神經叢息息相關。當太陽神經叢的能量受阻，那是一種「我不夠重要」、「我的感受不被在乎」的內在狀態。你可能會默默犧牲、習慣壓抑、不敢表達，只因為覺得自己的需求太微小、不值得被傾聽。當你長期忽略自己，不願正視自己的感覺與價值時，身體也會跟著用一種「自我消耗」的方式反映出來。這時候，胃腸開始不舒服、體重忽胖忽瘦、胰臟與腎上腺出現代謝異常、甚至發展出飲食成癮、購物成癮等行為──這些，都不是單純的「生

理問題」，而是情緒沒有被消化的結果。所以，療癒太陽神經叢，不只是關於身體的照顧，更是一次重新選擇「在自己心中佔有一席之地」的開始。從允許自己有感覺開始，從不再貶低自己的需求開始。氣味會是你最溫柔的提醒，幫你慢慢打開身體的緊繃，重新找回你本來就擁有的力量與價值。

臍輪

| 思維意涵及關鍵字 |
金錢人際關係、愛、性別認同、兩性關係、自信

在我陪伴個案進行氣味諮詢與能量覺察的過程中，我常常發現到，臍輪的能量與女性的婦科健康有著極為密切的連動關係。尤其在亞洲文化中，歷史上長期存在著重男輕女思維，使許多女性在潛意識裡對自己的性別角色產生了矛盾、不確定，甚至無聲的

從人體到外在空間
的能量調頻　03

否定。臍輪所對應的不只是身體上的子宮、卵巢、膀胱等器官，它更是一個關乎「我是誰、我值不值得被愛、我能不能自由地展現情感與慾望」的重要能量中心。這個能量輪承載著我們與金錢、人際關係、親密關係、性別認同甚至創造力之間的連結。

　　當我們對於自己的性別、情感表達、愛與被愛的能力產生懷疑或壓抑時，臍輪的能量就會開始受阻，進而影響身體層面的流動。在諮詢中，我常聽到個案說：「我不確定我值不值得擁有愛」、「我不太敢說出自己的需求」、「我常常在關係中委屈自己。」這些看似情緒化的表達，背後其實都源自於臍輪的失衡與自我價值感的低落。臍輪的核心思維包含：「我允許自己快樂嗎？」、「我喜歡自己的身體嗎？」、「我相信我值得被愛、被寵，也被金錢滋養嗎？」、「我能自在做自己，說喜歡、不喜歡，劃出舒服的界線嗎？」這些看似小小的提問，其實都在反映我們臍輪的狀態。當你開始輕輕地對自己說「我可以啊，我值得啊。」如此能量就會慢慢流動起來了。**當臍輪能量流動，我們會感覺與自己和諧，與他人連結自在；我們會自然地吸引豐盛與愛，不需取悅誰，也不用壓抑自己。我們會尊重自己的感受，同時也願意看見並尊重他人的需求。**

/ PERCEPTIONS OF SCENTS /　　143

臍輪其實是一個非常感性的能量中心，它鼓勵我們活出真實、享受生命，並勇敢地在關係中做自己。如果你發現自己在人際互動、情感表達、甚至婦科健康上出現卡住的狀態，不妨回來問問自己：「我有沒有正在否定某一部分的自己？」從接受開始，從香氣開始。讓氣味溫柔地陪你走回內在的自己，重新找回那個值得被愛、被看見的你，你就是一抹迷人的氣味。

【容易引發的疾病】

當臍輪的能量受阻，我們的身體常會在膀胱、生殖器官、下背部、甚至臀部等部位出現訊號。我自己就曾經深深困擾於不孕症與反覆的婦科問題。直到有一天，我靜下來看見──原來我的內在對「身為一個女性」這件事，是有掙扎的。我一直努力想證明自己、要很能幹、很獨立，但卻不自覺地，忽略了那個柔軟、想被呵護的內心。那時我開始慢慢轉念。我不再抗拒身為女人，開始學會喜歡自己，甚至享受當女人的樣子。我開始願意為自己花錢，不再只是為了別人扛責任，而是為了好好照顧這個身體──從每天補充膠原蛋白，到給自己一份真正想學習的禮物，我開始一點一滴地對自己好，告訴自己：「我是值得的。」很神奇地，

當我不再把「對自己好」當作奢侈，而是一種溫柔的日常，我的婦科狀況就在不知不覺中慢慢改善了，甚至不藥而癒。臍輪的療癒，其實不只是調理身體，更是一種重新擁抱自己身為女人的價值與美麗。當你開始喜歡自己，宇宙也會開始對你溫柔。即使你是男性，也需要對自己好，善待自己，因為我們都是被祝福而且值得的存在。

基底輪

| 思維意涵及關鍵字 |
信任、安全感、被支持、歸屬感

在我多年與人工作、學習用氣味打開內在感受的過程中，我越來越明白：「一個人的穩定，不只是來自表面的堅強，而是來自內在的、深層的安全感與歸屬感。」基底輪，就像我們生命的地基，它所承載的不只是生存的本能，更是一種存在的確認。我們

是否能信任這個世界？是否覺得自己是被愛的？是否相信自己值得被支持、被接住？這一切，都來自基底輪的能量。在一個充滿愛與接納的家庭裡長大，會讓我們從小就建立起對世界的基本信任，對他人有安全感，也更容易與自己連結，感受到一種「我在這裡是被允許的，我是屬於這個世界的」的穩定力量。這份歸屬感，是我們內在安全的根本。但如果在成長過程中，我們經歷了情感的缺席、環境的不穩定，那麼這個地基就會鬆動，長大後容易出現焦慮、不安、無法信任他人，甚至連自己也懷疑。基底輪的能量是一種非常原始且深刻的思維狀態。它會不斷問：「我是否值得存在？」「我可以依靠誰？」「我是不是真的安全？」「我屬於哪裡？」而這些問題，會悄悄地影響我們與世界互動的方式。==當基底輪是穩固的，我們就能穩穩站立，不怕跌倒、不怕孤單，也更能在人際關係中敞開自己，不用武裝、不再漂浮。那是一種來自內心深處的踏實感。==

【容易引發的疾病】

當一個人內在的信任、安全感與歸屬感能量較低時，往往會在身體層面出現訊號。特別是在骨骼、關節、血液、免疫系統以及

皮膚這些與「基礎支持」相關的部位，可能會出現各種不適或慢性症狀。因為身體是一面鏡子，它會忠實反映我們內在的情緒與信念。如果我們在深層中感覺「我不安全」、「我不被接納」、「我沒有地方可以真正歸屬」，那麼身體就會用它的方式提醒我們——是時候回頭看看，自己是否遺失了那份原始的穩定與連結。所以，當你發現自己出現這些生理上的狀況時，請先放下責備，溫柔地對自己說：「我是安全的，我是被接住的，我是值得被接納的。」從思維開始，慢慢地調整。這不只是一句話，而是一個能讓身體重新穩固能量根基的重要練習。信任自己，也信任宇宙正在支持你，一切的改變，都從「相信自己有歸屬」這個念頭開始。

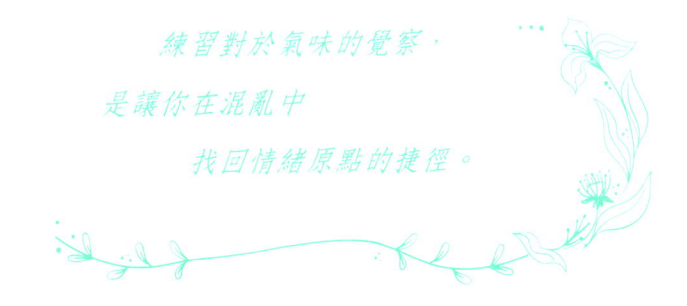

練習對於氣味的覺察，
是讓你在混亂中
找回情緒原點的捷徑。

脈輪與二十八種香氣的共振

坊間許多書籍提到精油與脈輪的對應，但對很多人來說，這依然像一張看不懂的地圖。以我二十多年的學習經驗看來，沒有任何一種精油只能對應一個脈輪，也不該把它們硬性劃分。因為每個脈輪本身就像一座情緒與能量的資料庫，藏著你的記憶、渴望、傷口與力量，每個時刻需要的支持也不盡相同。

以下提供二十八種天然香氛，這些香氛不被「配對」，而是提供你進行自我覺察的工具。你可以在閱讀過程中觀察：現在的我，被哪個氣味吸引？或者對哪個氣味有強烈的抗拒？從這些感受出發，去探索你目前哪個能量中心需要更多支持。這些香氣可以使

從人體到外在空間
的能量調頻　03

用在空間擴香、加入保養品、洗髮沐浴用品，甚至只是放在日常中當作一種嗅覺提醒——提醒自己，現在需要被照顧、需要回來平衡哪一塊內在的失衡。

當然，有時候你真正需要的氣味，也可能是你「不喜歡」的。那請不要勉強自己一定要用，而是更重要的是去問：「我為什麼不喜歡它？」這份抗拒背後，很可能藏著你對某種情緒的防衛或尚未和解的記憶。真正的覺察，是在不逃避、不抗拒之中，慢慢理解自己。

請記得，這是一段願意改變的旅程，不是憑著堅持「我就不喜歡」的任性就能改變的。如果你真心想蛻變，那就從誠實看見自己開始，即使對於某個氣味感到不安，也是個開始。

✦ 快樂鼠尾草 Clary Sage

在人生猶豫不決、徘徊在三岔路口之際，快樂鼠尾草那清澈冷靜的香氣，如同一股輕柔的風，吹散內心的迷霧。它不僅能安撫情緒，更喚醒理性，使思緒更清晰，讓我們重新找回判斷的力量，勇敢走向屬於自己的方向。

✦ 澳洲尤加利 Eucalyptus Radiata

依附關係的重建，是每個人成長路上重要的一課。就像無尾熊對尤加利樹的依賴，那是一種深層的、安全的連結。我們的人際模式，往往源自童年時期的依附經驗。澳洲尤加利帶來的植物能量，能協助我們釐清自己在關係中的角色與感受，溫柔地鬆開那些為了被愛而委屈自己的習慣，學會在關係中不再討好，而是勇敢、真誠地做自己。

✦ 玫瑰 Rose

與愛息息相關的玫瑰，總是提醒我們——在學會愛別人之前，必須先學會愛自己。先肯定自己，先看見自己的價值，才能真正

地綻放。在我曾經不斷自我批判與懷疑的時刻,是玫瑰的形象提醒我:那一圈又一圈由內而外綻放的花瓣,象徵著愛的力量,是從內在開始蔓延的。唯有先影響自己,才能真正去影響他人,讓愛由心而發,自然流動。

✦ 黑胡椒 Black Pepper

當人生猶如身處茫茫沙漠般迷惘無助時,看似沒有方向,但其實真正推動我們前進的,是那份最初的熱情與內在初衷。就像黑胡椒的香氣,溫暖中帶著一股明確的衝勁,喚醒內心沉睡的力量。我們缺乏的,從來不是方向,而是那股點燃方向的熱情。方向一直都在,只需要多一點堅持,讓內心的火光持續燃燒,就能穿越迷霧,看見前方的光。

✦ 羅馬洋甘菊 Chamomile Roman

羅馬洋甘菊帶有青蘋果香氣的氣味,彷彿喚回那個青澀的自己,那個對世界充滿好奇卻又懵懂無知的年少時光。我們曾為當時的決定感到後悔,也曾對年輕時的情感久久難以釋懷。此時,一縷羅馬

洋甘菊的溫柔香氣，如同輕拂而過的微風，輕輕將這些殘留心頭的記憶與情緒吹散。過去不再是羈絆，而是一場溫柔告別的風景。

✦ 佛手柑 Bergamot

佛手柑的香氣，酸甜之中帶著果皮微微的苦澀，就像我們人生中的笑容，不是每一個都是真心的。唯有真正發自內心的喜悅，才能撫慰那個渴望被愛的內在小孩。不再皮笑肉不笑、不再逞強取悅世界，而是允許自己單純地快樂，真誠地笑出來。因為真正的開心，才是啟動內在能量最有力的鑰匙。

✦ 純正薰衣草 Lavender True

純正薰衣草的香氣，像是一種全然的擁抱，溫柔地包覆著身心，彷彿在說：「你值得被接納，被包容，也值得被寵愛。」在生命中無數動盪的時刻，我們更需要相信：自己是被愛的，是值得被溫柔對待的存在。放下那些內心深處因批判而生的不安全感，讓薰衣草的氣息喚醒那股久違的安心，重新找回被寵愛、被完整擁抱的力量。

✦ 永久花 Immortelle

　　永久花的香氣帶著一種獨特的煙燻感，那種被火淬煉過的氣息中，隱隱透出一絲微甜，就像人生中那些必須「打掉重練」的時刻。這些過程，不只是療癒或修補，而是一場深層的重建。我們其實沒那麼脆弱，不需要不斷被療癒，而是在一次次重來的過程之中，鍛造出更堅實、更有光的自己。

✦ 玫瑰草 Palmarosa

　　玫瑰草的香氣，純粹、簡單、不華麗，卻真實動人。就像我們在生命中扮演的每一個角色，也許是孩子，也許是父母，也許是老闆、員工，或是媳婦⋯⋯這些角色交錯其中，沒有人能樣樣做到完美。但這個世界，不需要每一個人都成為「全能的演員」，我們真正需要的，是演好那個忠於自己、活出真心的角色。唯有如此，快樂才會從心而生。

✦ 玫瑰天竺葵 Rose Geranium

　　玫瑰天竺葵的花香中，帶著一絲青草的清新，彷彿是一種自然的平衡。花香與草香各自鮮明卻互不搶戲，像極了人生中的平衡與和諧。生命中，許多時刻我們都渴望平衡與公平，但這份公平與平衡的標準，往往來自於內心想法。只有當我們熄滅內心未曾釋放的憤怒與不滿，便能真正感受心靈平靜與安寧。

✦ 甜馬鬱蘭 Marjoram Sweet

　　甜馬鬱蘭的香氣總讓我聯想到一個無辜的小孩，有話想說，卻不敢大聲，有香氣，卻不願張揚。就像我們在人生中某些時刻，習慣把自己縮小、可憐化，但越是這樣想，就真的會活成那個無力又脆弱的自己。別害怕長大，別抗拒成為大人，因為唯有直面人生的每個時刻，我們才能活出真實的勇氣與力量。

✦ 茶樹 Tea Tree

　　茶樹生長在濕潤的沼澤地，卻散發出一種堅定而陽剛的氣息。就像我們在人生中面對恐懼時，往往會被過去那些不好的經驗所

困，陷入內心的泥沼。但恐懼，並非來自現在，而是源於們曾經的受傷與記憶。唯有注入更多正向的能量與信念，才能拔除那根深蒂固的不安，讓內在重拾力量，勇敢開啟人生全新的篇章。

✦ 薄荷 Peppermint

薄荷沁涼的香氣，彷彿是一種無聲的召喚，提醒我們：生命中所有的發生，都是自己能量的吸引與創造。你相信自己是光，就會閃耀；你相信自己是救贖，也將成為他人的希望。唯有清晰看見自己的定位與存在意義，我們才能回到那個最初的初心。而一旦失去了初心，再多努力也將失去方向，所有的行動也將失去靈魂的重量。

✦ 乳香 Frankincense

乳香是與神性連結的氣息，靜謐而深遠。生命中的磨難，往往源自那顆無法臣服的心，抗拒、執著、想掌控一切，反而讓我們與自己的使命漸行漸遠。若你深信自己擁有一段無可取代的人生使命，那麼，首先要學會的，不是追求完美，而是臣服。唯有放

下對結果的執著，才能看見使命真正的樣貌，那不是負擔，而是一份來自宇宙的禮物。臣服，才是真正的力量之源。

◆ 大西洋雪松 Cedarwood

大西洋雪松散發著沉穩而溫暖的氣息，其中微微透出酒漬櫻桃般的甘甜，彷彿在冰天雪地裡，靜靜燃著一盞不熄的燈火。即使四周寒冷，依然能靠內在的力量發光取暖。當你開始用更高的視角看待人生，你會發現，很多困住你的，不是現實，而是眼界。抬起頭來，你會看到——世界，其實很寬廣。

◆ 沒藥 Myrrh

沒藥的香氣內斂而穩重，帶著一種安分守己、不張揚的氣質，淡淡的藥草香中，藏著聚焦與沉著的力量。生活不是什麼都要抓在手裡，而是學會專注在真正重要的事上。就像用放大鏡對準太陽，只有對準了，才有可能燃起火焰。別因為害怕失去，就什麼都想抓住，真正的力量來自於選擇——清楚知道自己要什麼，才能活出人生的重點。

✦ 絲柏 Cypress

　　絲柏帶著果決的木質調，夾雜著一絲藥草香，氣息明快、乾淨俐落。就像它的香氣提醒我們：人生許多事，不該拖泥帶水。唯有放下，才能往前走。凡事不需要曖昧不明，清清楚楚地知道自己要什麼、不要什麼，該提起的就勇敢承擔，該放下的就乾脆放手。不要活在「提不起、放不下」的輪迴裡，真正的自由，來自果斷與清醒。

✦ 薑 Ginger

　　薑，雖常作為配料，卻能與各種食材巧妙融合，成就一道道動人美味。這正是薑的特質——不喧賓奪主，卻能提升整體風味，展現絕佳的合作力。這個世界上，沒有人能獨自成長、單打獨鬥。真正的壯大，來自於彼此合作、資源共享、互相成就。在這個強調共創與連結的新世代，我們更需要學會與他人合作，我們才能藉此發揮真正的影響力，照亮更大的舞台。

✦ 甜橙 Orange Sweet

　　甜橙那輕快明亮的香氣，像陽光灑落心田，帶來一種自由自在、無拘無束的暢快感。人人都渴望自由，但在享受自由之前，必須先學會為自己負責。我們常以「身不由己」作為藉口，但真相是——不是無能為力，而是還不夠強大。真正的自由，從來不是別人給的，而是來自內在的力量與選擇的能力。壯大自己，是通往自由的第一步。

✦ 檸檬 Lemon

　　檸檬清新明快的香氣，如同一道光劃過思緒，帶來腦袋的清醒與心靈的覺察。在生活中，我們必須學會掌握自己的情緒，不被情緒牽著走，也不壓抑感受、隨波逐流。能夠在情緒中保持理性的判斷，是一種智慧，也是一種力量。這樣的智慧，來自日積月累的觀察與反思——看見自己的起伏，理解情緒的根源，才能做出真正成熟且自由的選擇。

✦ 迷迭香 Rosemary

迷迭香那清新醒腦的香氣，總能帶來靈光乍現的瞬間，提醒著我們——生活從不會一成不變。你若不改變，環境終將迫使你改變。唯有保持頭腦的彈性與創造力，才能在瞬息萬變的世界裡，找到靈感的出口，開闢屬於自己的舞台與天空。別執著於「時不我予」，端看你是否願意放下僵化的思維，讓自己與時俱進。

✦ 沉香醇百里香 Thyme ct. Linalool

沉香醇百里香，人小志氣高。雖然只是一株小小的草本植物，卻擁有極強的抗菌力。那帶著微甜氣息的藥草香，隱藏著一股以柔克剛的力量，不張揚，卻無比堅定。它提醒我們：真正的強大，不是硬碰硬，而是懂得如何減少內耗，柔軟卻清晰地面對挑戰。當你能溫和地堅持、靜定地前行，你也就找回了那個與自己合作無間、內外合一的狀態。

✦ 茉莉 Jasmine

茉莉那優雅迷人的香氣，總讓人忍不住想輕輕擺動身體，踏出柔和的步伐。她不張揚、不浮誇，卻在細膩中蘊藏著熱情與力量。如同茉莉在夜晚也持續綻放香氣，從不吝嗇地展現自己，提醒我們：生命中太多事，常常只停留在「想」，卻沒有「做」。現在，是時候讓這股來自茉莉的熱情點燃內心，放下猶豫，優雅而堅定地，開始行動吧。

✦ 葡萄柚 Grapefruit

在所有柑橘類中，就屬葡萄柚的香氣最具多層次──甜中帶酸，酸中又藏著微微的苦，彷彿提醒我們：看待世界，需要更多元的角度。當視野不同，格局就不同；當格局改變，對生命的理解與選擇也會隨之改變。不要只待在熟悉的舒適圈，不斷重複已知的安全感。真正的成長，來自勇敢去做那些「還不知道」的事。跳脫井底，世界會比你想像的寬闊得多。

從人體到外在空間的能量調頻　03

✦ 肉桂皮 Cinnamon Bark

　　肉桂擁有濃烈而鮮明的香氣，只要一聞，就知道它是肉桂，無須多加解釋，也不刻意張揚，卻擁有滿滿的存在感。就像我們每個人，其實都帶著與生俱來的獨特價值。雖然常以為自己只是個小螺絲釘、微不足道，但事實上，正是這些「看似平凡」的角色，構成了世界上的運轉。當你開始肯定自己、看見自己的力量，那份自信自然會流動出去，照亮更多正在尋找自己價值的人。

✦ 甜茴香 Fennel Sweet

　　甜茴香那近似八角的香氣，帶著一種穩定、溫柔陪伴的感覺。就像總是默默出現在滷包裡，無論是搭配豆干還是海帶，它都能讓原本平凡無味的食材，散發出自己的風味與存在感。甜茴香提醒我們：有時候不是我們不夠特別，而是少了一份篤定與自信。當你開始相信自己的選擇、堅定自己的方向，你會發現每一步都能走得踏實，就算不是主角，也能散發獨一無二的香氣。

✦ 丁香花苞 Clove Bud

丁香花苞雖帶有一絲牙醫藥材般的氣味，卻在古代被視為尊貴之物，甚至成為皇帝專用的口香糖。它香氣濃烈而獨特，能將口中殘留的雜味轉化為馥郁芬芳。丁香不只是香料，更是一種品味的象徵。懂得欣賞丁香的人，也往往擁有對於氣味的鑑賞力，這份鑑賞力若能延伸到生活中，便是一種生活的美學——在日常中辨香識味、講究細節、深度品味。擁有美學的生活，才是真正有靈魂的生活。

✦ 檜木 Hinoki

檜木那穩重厚實的木質香氣，總能帶來一種深層的安定感，像是為思緒築起一道沉穩的屏障。即使身處在變動快速的時代，我們的心，也可以如檜木般堅定不移。每一次選擇，都不是倉促的逃避，而是源自內在的清晰與篤定。當我們對自己的決定感到安心，自然就不會輕易後悔，因為那是一種與自己對齊的平靜。

二十八種香氣能量複合配方

香氣的能量不只是單方，也能搭配成複方使用，書中分享的二十八種香氣能量，我將其做搭配，是一種心靈配方，以及需要時候的溫柔力量。

01 穩定情緒
快樂鼠尾草 × 羅馬洋甘菊 × 澳洲尤加利

02 找回信任
茶樹 × 檜木 × 絲柏

03 打開心房
玫瑰 × 玫瑰天竺葵 × 甜橙

04 點燃熱情
黑胡椒 × 薑 × 肉桂皮

05
擁抱過去

羅馬洋甘菊 × 永久花
× 沉香醇百里香

06
放下焦慮

佛手柑 × 葡萄柚 × 甜馬鬱蘭

07
深層療癒

乳香 × 沒藥 × 大西洋雪松

08
釋放悲傷

永久花 × 羅馬洋甘菊 × 絲柏

09
內在穩定

玫瑰草 × 茉莉 × 甜橙

10
柔軟自己

玫瑰天竺葵 × 佛手柑
× 羅馬洋甘菊

03 從人體到外在空間的能量調頻

11 好好睡覺
甜馬鬱蘭 × 薰衣草 × 沉香醇百里香

12 呼吸更新
茶樹 × 澳洲尤加利 × 薄荷

13 甦醒清晨
檸檬 × 薄荷 × 葡萄柚

14 自由呼吸
乳香 × 澳洲尤加利 × 檜木

15 扎根穩固
大西洋雪松 × 乳香 × 檜木

16 溫柔療癒
沒藥 × 永久花 × 絲柏

17
決斷清晰

絲柏 × 迷迭香 × 黑胡椒

18
重新啟動

薑 × 肉桂皮 × 黑胡椒

19
幸福擴展

甜橙 × 佛手柑 × 葡萄柚

20
清新一刻

檸檬 × 薄荷 × 茶樹

21
靈感閃現

迷迭香 × 薄荷 × 黑胡椒

22
心田開花

沉香醇百里香 × 乳香 × 永久花

03 從人體到外在空間的能量調頻

23 重新愛上自己
茉莉 × 玫瑰 × 甜橙

24 心輕如羽
葡萄柚 × 佛手柑 × 玫瑰草

25 溫暖同行
肉桂皮 × 薑 × 黑胡椒

26 解開焦慮
甜茴香 × 甜馬鬱蘭 × 羅馬洋甘菊

27 能量回流
丁香花苞 × 黑胡椒 × 薑

28 定心丸
檜木 × 大西洋雪松 × 乳香

關於觸動人心的調香

　　香氣，不只是味道，而是人類靈魂與文明的對話，是記憶的密碼，也是文化的軌跡。我一直覺得，調香是一門藝術，更是一場穿越時空的對話。所謂的調香，不是按照比例調配香料如此簡單，而是透過氣味，探索人類如何感受世界、理解自身。每一種香氣背後，都藏著歷史、文化、記憶、與情緒的共振，以及身體記憶的共鳴。它就像一封沒有文字的信，讓我們聞到後會想起自己是誰。

　　在十七世紀的歐洲，嗅覺被視為最動物性的感官，甚至被用來妖魔化女性。女性的身體被認為自帶「惡臭」，尤其是月經，甚至與罪惡畫上等號；連瘟疫也被認為是惡魔呼出的氣息。為了對

抗這種來自地獄的「臭」，人們用公羊腺體的腺味、麝香、野獸腺體的分泌物來防疫——這種「以毒攻毒」的氣味哲學，竟然真實存在過。可是，文明也會進化，到了十八世紀，當瘟疫遠去、戰爭結束，歐洲開始進入一個講究清潔和享樂的時代。人們不再需要靠強烈氣味來對抗恐懼，反而開始渴望柔和、優雅的香氣。於是香氣第一次被賦予了「美」的意義，也真正與「女性」產生了正面的連結——從「惡臭的象徵」變成「優雅的象徵」，這不只是香水的革命，更是整個社會觀念的翻轉。讀到這裡，我其實很有感，因為這些年調香創作的過程中，我也不斷看到文化如何影響人們對香氣的理解。

香氣是文化，也能帶你探索和連結

調香師的工作，不只是設計出好聞的味道，而是用香氣搭建一座座文化的橋樑，然而，這需要我們對於氣味背後的歷史與價值，有深刻的理解與尊重，小至個人的故事，大至國家的歷史，都是稱職的調香師必須擁有的文化底蘊。氣味的世界，從來不是客觀的，它是人類文化與想像力定義後的產物。所以我常說，**調香是**

一場自我認識的旅程，幫助我們重新認識氣味的根源，也從香氣中找到連結自己、連結文化、連結他人的方式。

有一次，我幫澳門一間醫學中心設計香味，我沒有直接下配方，而是選擇親自去走進那座城市。走在街上，我聞到焚香的味道，看見教堂、寺廟、老中藥行，還發現當地伴手禮的品項中大量出現薑。於是我明白，這座城市的嗅覺，是從宗教、土地、生活型態中長出來的，雖然澳門被認為是賭場，但賭場的背後有更多氣味在這個城市之中傳遞著。因此我在配方中融入了沉香、檀香與薑的氣息，讓香味不只是「聞起來舒服」，更是「聞起來像家」一般的感受。

天然香氛與化學香精調香最大的差異在於對於文化的感知，天然香氛有著大自然與植物與人類共同生活的記憶，但化學香精只是模仿出來的香氣，它少了一種所謂的文化價值。這幾年的我喜歡旅行，蒐集各個城市的味道，那是在當地空氣中傳遞曾經有過的文化，每當我聞到一個記憶中未曾有的味道，我就會想：「當時這個味道的出現是在什麼樣的情境裡？」當我聞到一個熟悉的

味道，就會想：「我曾經在什麼時候與這樣的味道有過擦肩而過的邂逅，又曾經與誰一起經歷過這樣的氣味？」這些都是活在世界上美好又有溫度的足跡。因此調香師本身需要熱愛生活，疼惜生命，對人生有著滿滿期待，才能創作出觸動人心的香氣，而調香師接受的訓練不只是技術，更是對於多元文化的敏感度。

在教學過程中，我發現現代人對香氣的熟悉程度大多是薄弱的，很多人甚至難以形容自己喜歡的味道。因此我在教學與設計中，通常以七種常見的香調為分類基礎（或許在市面上的書看到會有九個以上的香調，但在此我取七個香調做為好理解的範圍），搭配現代人比較容易理解的語言與氛圍感，幫助大家建立香氣的感受力。每一種香調的背後，都有其歷史背景與文化意涵，了解這些根源，是調香師必修的重要功課。

調香，除了調出香味，更是喚醒記憶、打開文化對話的過程。當我們開始用氣味說故事，香氣就不再只是嗅覺的感受，而能連結起情感與文化。即使不是調香師，也能學會怎樣表達香氣，透過對於香氣的表達，進而找到自己喜歡的味道。每個人對於香氣

與香調的偏好，以及他們所擁有的背景知識，會深深影響他們在調香時對香氣架構的感知與思考。我帶學員進行調香實作的過程中，經常觀察到這一點。來自不同領域背景的學員，例如醫學、金融、藝術或建築，在面對香氣創作時，展現出的思維方式截然不同。舉例來說，醫學背景的學員，一開始接觸香氣時，經常思考的是這個氣味是否具有穩定情緒、療癒身心的功能；而學金融的學員，則可能立刻評估這款香氣的市場潛力、成本效益，甚至會思考它是否能成為一款有商業價值的香氛產品。至於藝術背景的學員，則會試圖把香氣轉化為一種意象——例如將梵谷的畫作，或高第的建築語彙，轉譯成一款氣味的敘事，藉此在藝術與感官之間搭建橋樑。建築背景的人則以結構思維出發，尋找一種「穩固、合理，且充滿張力」的氣味架構，像在設計一棟既美觀又堅實的空間。這些背景，不只是學術訓練，更是我們認識世界的方式，即使很多人畢業後並未從事與本科系相關的工作，但這些學習歷程，早已潛移默化地塑造了我們對事物的觀看角度。

我教導學員調香時，常做的一件事是：請大家先挑選出自己最喜愛、最常使用的香味，但不是立刻拿來運用，而是反其道而行，

認識香調與
香氣的力量　04

刻意避開那些熟悉且喜愛的味道，開始使用那些「不在我們舒適圈」的香氣元素。唯有如此，我們才能避免落入自我慣性的循環中，才能真正打破主觀偏好，開啟一場感官與思維的冒險，進而探索、重新認識自我思維覺察。在這個過程中，可以學會如何認識自己、打破侷限，並用氣味探索一種更自由、更開放的內在狀態。

每個人都值得擁有一瓶，
能說出自己生命節奏的香。

七種常用香調

　　接下來要介紹的七大類香調，還可以再細緻地分化與延伸。就像花香調，它本身可以是清新的、柔美的、性感的，也可能帶有木質感、果香感，甚至揉合辛香或東方調性，交織出極其豐富的層次與情緒氛圍。這些細微的變化，正是調香師在創作時，透過香料比例的拿捏與彼此間的對話，所建構出來的氣味語言。那麼，既然香氣世界這麼豐富，我為什麼只從七大類來介紹，而不是一開始就列出十幾種、甚至幾十種的細分類呢？因為我不希望大家在一開始接觸氣味時，就被過度複雜的分類搞得眼花撩亂。嗅覺是一種很純粹的感知，它來自於身體的感受與情緒的連結。如果太早用知識把它框起來，反而會失去那份最珍貴的直覺與悸動。

> 認識香調與
> 香氣的力量　04

我喜歡用簡單、清晰但有代表性的七大類香調分類，幫大家先畫出一幅「香氣地圖」的輪廓，讓你知道自己大概在哪裡、喜歡往哪裡靠近。等到熟悉這些主要氣味特質後，再慢慢探索更細膩的調性變化與個人偏好。這樣的方式，更輕鬆、也更貼近每個人真實的感受節奏，況且我們對香氣的喜好，從來都不只有一種。

很多時候，一瓶香氣之所以迷人，正是因為它融合了多種香調的特質，讓人無法簡單定義，卻深深被吸引。就像我們的情緒、個性與生活樣貌，並非單一維度。香氣的魅力，不在於「記住分類」，而是「記住感覺」。香氣會因人而異，也會隨著你的心情、季節、年齡，甚至是你走進某個空間而改變。你不需要急著為自己貼標籤，也不需要為了追求專業而喪失對香氣的感受力。**我更希望你帶著好奇心與開放態度，去嗅聞每一種氣味背後的情緒與能量，去認識香氣與你身心之間的共感**。這，就是我一直想傳遞的「嗅覺之美」，一種自由的呼吸方式，一種與自己溫柔對話的開始。

1 花香調 Floral Group

　　花香調是日常生活中最容易聞到也最容易理解的香氣，花香的柔美與優雅，有著較女性化的氣息，會讓人感受到柔軟、華麗、嬌貴、高雅等。在日常生活有許多商品裡都能聞到花香調，因此對大多數人來說不陌生，在過去，許多女性喜歡花香，而現今社會有許多男性也喜歡花香調。隨著文明的演變，花調香不再只是女性形象的香氣，更是內心柔軟及浪漫的人會喜愛的香氣。

- **代表香氣**：奧圖玫瑰、橙花、永久花、羅馬洋甘菊、小花茉莉、玫瑰天竺葵、依蘭依蘭
- **氛圍關鍵字**：溫柔、浪漫、親密、療癒、華麗
- **適用空間**：臥室、美容院、婚禮現場、珠寶店等
- **能量頻率**：促進內心柔軟的特質與愛連結，不論是寵愛自己或他人
- **喜愛花香調的人格特質**：細膩感性型
  重視情感連結，內心柔軟，喜歡照顧人，也渴望被愛。常常帶有藝術氣質與浪漫靈魂。注重人際關係，對於人際互動有著很好的天賦，天生較熱情，喜歡與人互動
- **對應顏色**：紫

認識香調與
香氣的力量　04

2 柑橘調 Citrus Group

輕快無負擔的柑橘調，有著甜甜的、有著溫暖與陽光的幸福感，猶如我們吃著橘子，喝著橙汁，讓人感覺毫無壓力。或像是在夏日午後灑滿陽光的花園裡奔跑，空氣中瀰漫著新鮮果皮的香氣。這是一種充滿朝氣與活力的香氣調性，適合用來提振精神、喚醒感官，讓人感到清新又自在。

- **代表香氣**：甜橙、檸檬、萊姆、佛手柑、葡萄柚、桔
- **氛圍關鍵字**：清新、愉悅、活力、陽光、放鬆
- **適用空間**：辦公室、健身房、夏日展場、兒童相關產業、紓壓產業、餐飲業
- **能量頻率**：振奮精神、提升活力、紓壓放鬆、增加自在感
- **喜愛花香調的人格特質**：開朗行動派
  有赤子之心，個性樂觀、活潑、有行動力，喜歡簡單直接、有生活節奏感，經常是團體中的開心果
- **對應顏色**：黃

/ PERCEPTIONS OF SCENTS /

3 藥草調 Herb Group

穩定平衡的氣味，帶有撫慰與安心的特質，沒有明顯的大起大落，像是一位沉穩的中年人，靜靜地陪伴你左右。它不搶戲、不喧鬧，卻擁有令人信賴的力量，如同午後微風輕撫心緒，讓人放下防備，回歸內在的寧靜。這類香氣適合在需要冷靜思考、情緒穩定的時刻使用，是一種默默支持你、讓你感受到「被包容」的溫柔氣味。

- **代表香氣**：純正薰衣草、快樂鼠尾草、甜馬鬱蘭、玫瑰草、山雞椒、沉香醇百里香
- **氛圍關鍵字**：自然、平衡、療癒、智慧、包容、安定
- **適用空間**：補習班、芳療空間、瑜伽教室、出版社、辦公室
- **能量頻率**：安定身心、調整內在、平衡情緒、修復創傷
- **喜愛花香調的人格特質**：理性療癒型
  重視內在平衡，追求身心整合，有療癒傾向，也可能對自然療法、靈性成長有高度興趣。性格較沉著穩重、務實，注重價值感
- **對應顏色**：綠

4 木質調
Woody Group

如同深埋大地的樹根，帶來踏實與安全感，是一種可以依靠的香氣。氣味穩定而厚實，沉著內斂，不急不躁，像是一位溫暖又堅定的長者，靜靜地站在你身後，讓人安心、放心。它擁有時間沉澱後的智慧與包容，適合用在需要定錨心神、尋求安穩力量的時刻，是內在力量的象徵，也是現代生活中的靜心之選。

- **代表香氣**：檜木、大西洋雪松、絲柏、杜松果、松針、芳樟
- **氛圍關鍵字**：沉穩、厚實、靜謐、內斂、可靠
- **適用空間**：書房、男仕空間、精品店、會議室、建築業
- **能量頻率**：提升安全感與穩定力
- **喜愛花香調的人格特質**：穩定內斂型
  腳踏實地、重視結構與深度，情緒穩定，不張揚但有份量，給人信賴與安心感
- **對應顏色**：橘

5 樹脂調
Resinous Group

有種與世無爭的平靜氣息，像是走進古老森林深處，空氣中瀰漫著樹脂自然滲出的氣味，靜謐而神聖。它帶著微微的甜、煙燻感與神秘的餘韻，時間在此彷彿慢了下來，讓人感受到內在的安定與療癒。這類氣味如同一場靈魂的淨化儀式，溫柔地洗滌情緒波動，幫助人重新找回自我，適用於冥想、放空、或渴望內在深層對話的時刻。

- **代表香氣**：乳香、沒藥、安息香、勞丹脂、岩蘭草、廣藿香
- **氛圍關鍵字**：神聖、深層、儀式感、靜心、淨化
- **適用空間**：靜心空間、神秘展覽、儀式場域、辦公室
- **能量頻率**：連結高頻能量、促進平靜情緒與覺察
- **喜愛花香調的人格特質**：靈性探索型
  思考深層、喜歡靜心與自我對話，對神秘學、哲學、身心靈議題特別敏感與好奇
- **對應顏色**：靛

6 東方調 Oriental Group

　　帶有東方辛香料的香氣，神秘而扎實，彷彿自帶光芒與氣場，篤定不飄忽，展現出霸氣與存在感。它融合肉桂、丁香、胡椒與琥珀等溫暖辛香，層次豐富、濃烈卻不失優雅，如同一位掌握權勢卻從容不迫的領袖，散發出令人無法忽視的魅力。這種香氣是內在力量與自信的化身，適合在需要展現個人魅力、激發野心或創造高級氛圍的時刻使用，是讓人瞬間「氣場全開」的香調。

- **代表香氣**：甜茴香、肉桂皮、肉豆蔻、丁香花苞、薑、芫荽籽、黑胡椒
- **氛圍關鍵字**：溫暖、性感、神秘、異國、獨特
- **適用空間**：精品旅館、夜晚空間、香氛酒吧、文化風情明顯的場所
- **能量頻率**：活化感官、啟動創造力、增加自信
- **喜愛花香調的人格特質**：魅力型人格
  具有個人風格、富有吸引力，懂得享受生活細節，也敢展現自己的獨特與性感
- **對應顏色**：紅

7 清新調
Fresh Group

　　清新調猶如風帶來的涼感，讓呼吸瞬間通暢，在空間裡有一種洗滌的力量，像是把雜念一掃而空。它帶著青草、薄荷、海風或檸檬皮般的清爽氣息，明亮、透徹、乾淨，如同晨光灑落、窗簾微動時的那一抹輕盈。這類香氣像是在心中開了一扇窗，不僅提神醒腦，更讓空間與情緒變得更輕盈自在，是日常生活中最簡單也最必要的清新能量。

- **代表香氣**：澳洲尤加利、迷迭香、薄荷、茶樹、綠花白千層、苦橙葉
- **氛圍關鍵字**：潔淨、透氣、純粹、明亮
- **適用空間**：旅館、浴室、診所、衣物空間
- **能量頻率**：清理能場、帶來清爽空氣感
- **喜愛花香調的人格特質**：極簡理性派
  喜歡清爽、井然有序的生活，思緒清晰、效率高，常給人乾淨俐落的第一印象
- **對應顏色**：藍

認識香調與
香氣的力量 04

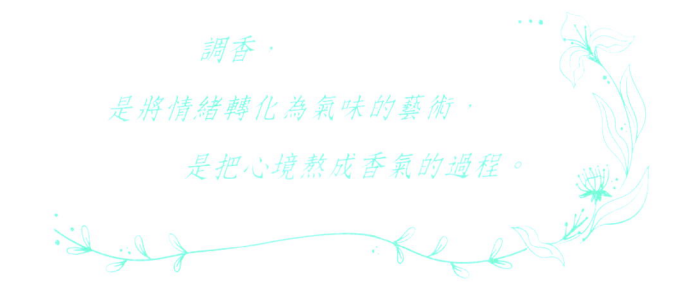

調香,
是將情緒轉化為氣味的藝術,
是把心境熬成香氣的過程。

/ PERCEPTIONS OF SCENTS /

推廣氣味覺察，
為不同領域帶來改變

　　我不是一開始就知道「推廣天然香氛」會是我一生的使命。曾經，我只是想從疾病中找到活下去的希望與方式，在一次又一次的生命崩塌裡掙扎，直到有一天，我遇見了「香氣」。才發現那不是一瓶香水的浪漫，而是一種沒有語言、卻能讓人瞬間掉眼淚的東西。那是藏在記憶深處、心靈縫隙裡的密碼。

　　嗅覺，是直通人類情緒、記憶、潛意識的捷徑。這幾年，我用氣味為空間說話、為情緒找到出口。我把香氣從個人的療癒，擴展到社會的轉化，從親子教育、預防醫學、藝術設計、飯店品牌，到 ESG 的企業永續。我見到無數人因為聞到一個味道而想起家人、

用嗅覺改變世界，我的香氣革命之路 05

放下悲傷、打開心房，當大家聞到清新療癒又與大自然結合的氣息而展露出的笑臉，我就覺得一切都值得了。透過一抹香氣能讓靈魂得到釋放與提升，當大家都擁有正向能量的時候，這世界的氛圍自然會越來越好。

「氣味覺察」到底蘊藏著什麼樣令人驚訝的力量？接下來我想分享幾個學生個案，當他們遇見香氣後，人生慢慢開始有些不同的真實故事。

氣味覺察，讓你發現自己與他人的頻率

曾經有位大學生來到我們的課堂，一開始幾乎不說話，她對人有很深的恐懼，無法適應校園生活而休學。她的父母看著她封閉自己，不知該如何是好，想讓她學一門手藝，於是讓她來上調香與芳療的課。

一開始，她只是靜靜地坐在教室角落，像是把自己藏起來。但當我們開始用嗅覺開啟感官，讓大家練習感受氣味的層次時，她

的眼神開始有了一點光。那是一種對世界微微敞開的樣子。透過一瓶瓶天然香氛，她慢慢學會感受、描述，也開始勇敢說出自己的感覺。我印象很深的是，她有一天說：「我發現，原來跟別人分享自己的感受並沒有那麼可怕。」

她在調香的過程中理解到，每種香氣都有不同的特質，就像每一個人都有獨特的頻率。當她學會欣賞氣味的差異，也開始學會尊重他人的不同。後來，她選擇回到學校繼續念書，不僅適應得很好，還交了新朋友。我常說，嗅覺不是用來分辨好壞，而是用來理解生命的豐富。她就是一個最美的例子。**當一個人開始願意打開感官去感受世界，世界，也會開始溫柔地回應她。**

氣味覺察，讓你重新遇見美好的自己

K 小姐是那種從小就「不讓人擔心」的女生。個性乖巧、做事認真，從沒想過要叛逆或勇於說出內心的想法。結婚後的她，有一份穩定的工作，嫁給個性不錯的老公，孩子也很乖，日子就這樣按部就班地過著，沒有什麼波瀾，然而，也沒有太多自己。一

用嗅覺改變世界，我的香氣革命之路　05

直以來，她習慣了付出，把家庭顧得很好、工作也做得很棒，卻從來沒問過自己：「我喜歡現在的生活嗎？」直到有一天，她在家裡洗碗洗到一半，突然眼淚就掉下來。她說：「我不知道為什麼哭，但我突然很清楚──我不知道我是誰，也不知道我接下來要去哪裡。」

因為身處在這樣的空洞裡，姻緣際會下，她來到了感官開發與調香的課。剛開始她什麼都說：「老師，妳決定就好，我沒意見。」但就在一次聞香練習中，她聞到一瓶氣味，眼神忽然變了。她說：「這個味道讓我想逃跑，原來我有不喜歡的權利。」

那一刻她開始覺察自己，開始說出感受。她第一次告訴先生：「我有點不開心。」結果先生竟然說：「妳最近怎麼變了，有點叛逆耶。」她笑著回他：「我不是變了，我只是終於出現了。」她開始練習把自己放進人生的畫面裡，不再只是當好人、好太太、好媽媽，而是開始當自己。也因為調香，她發現：每一種香氣都有存在的價值，而她，也值得為自己活一次。

氣味覺察，
讓你看待事物不再流於表面

　　W小姐是位彩妝師，習慣用色彩與線條為他人勾勒光彩。但上完這堂嗅覺課後，她笑著說：「我變得更挑剔了。」不只是對氣味，還有對生活、對選擇，甚至對自己的感受。

　　過去，她專注於幫客戶打造適合的妝容，但學會調香後，她開始意識到：「有些人的問題，不在外表，而是從未真實地感受過自己。」嗅覺的訓練，打開了她全新的感知維度——不再只是看見表面，而是學會聽見氣味背後的情緒與故事。她開始在工作中加入香氣引導，輕聲問客戶：「這個味道讓你想到什麼？」沒想到，許多人在氣味裡找回了某段記憶、某種情感，甚至找回了自己。她說，以前她是幫別人畫上自信的樣子；現在，她學會了用氣味陪伴對方發現內在的模樣。

　　對於氣味的覺察，讓她更堅定地相信——真正的美，不是畫上去的，而是從心裡長出來的頻率。她笑著說：「當你開始為自己

挑香氣，你也開始為別人點亮通往真實的路。」

氣味覺察，
讓你向內探尋和表達自身感受

　　我有兩個兒子，從他們一出生開始，我就用精油幫他們做嬰兒按摩。新手媽媽一般都忙著餵奶、換尿布，但我的流程裡多了一道「開啟嗅覺」的小儀式。不是為了什麼育兒理論，只是直覺地相信，從小讓孩子熟悉觸碰與氣味，或許會對他們的感受力有幫助。現在回頭看，這樣的練習真的悄悄留下了一些痕跡。兩個孩子都已經快十八歲了，偶爾出門還是會牽著我的手，甚至主動給擁抱。這樣的身體連結，成了我們情感交流很自然的一部分。

　　我們家也一直有香氣的陪伴，在他們還小的時候，常用薰衣草幫他們泡澡。有一次，才五歲的哥哥逛街回來，他很正經地說：「媽，我今天想用葡萄柚精油，因為我覺得有點水腫。」那一刻我其實愣住了，沒想到他能這麼自然地表達自己的感受和需求，而且還滿知道怎麼照顧自己。現在他們長大了，有了自己的審美

跟嗅覺判斷。每次路過味道很重的空間，他們會忍不住說：「這是化學的香味，不是我追求的天然香氛。」接著快速逃離現場，彷彿鼻子自動啟動了預警系統。

這些年下來，我覺得嗅覺的練習，不只是讓孩子認識氣味，更是在幫他們建構「如何感覺」和「怎麼表達」自己的能力。有一次哥哥考試考得不理想，他只是淡淡地說：「我有點沮喪。」我很感謝他不是用情緒發洩來表達失落，而是可以找到一個詞，說出自己的狀態，讓我們能一起面對。

我的孩子不是沒有叛逆期，而是我們之間一直都有說話的空間。即使不是天天黏在一起，但我們的對話，從來都不是只有言語，還有氣味、觸感、情緒與理解。我相信，當一個人從小就被溫柔地感受到，他就會有力量溫柔地活著。那種連結，是看不見的，但會一直在，而且～還會香香的。

從個人到空間的氣味覺察，
使其成為「空間氛圍力」

「氣味覺察」除了對於個人具有深切的影響，我也將其帶進更多空間裡，希望創造一種「空間氛圍力」的新文明。這些年來，在創業過程中，我心中最深的感受就是：「感恩」。一路上，我遇見了許多貴人，也很幸運地有許多理念相同的夥伴，願意和我一起走進「天然香氛」與「生態永續」這條路，進而一起守護地球、守護靈魂最純粹的初衷。

設計空間香氛最初的起點，來自於建設公司邀請我做的綠建築案。當時，建商希望將天然香氛的氣味融入空間之中，讓人在進入建築的那一刻，透過嗅覺感受到大自然的存在。這對我來說，是非常重要的開始，是我第一次將香氣與建築做結合，我取名為「香氛建築」，讓氣味成為空間的一部分。那時候，有許多人走進這個空間時向我反饋：「這味道好像走進森林一樣，整個人都靜了下來。」後來，我又嘗試把天然香氛設置在電梯裡，從按下樓層開始，就能透過氣味瞬間轉換情緒，把一天工作的疲憊留在

外頭，把輕鬆與歸屬感帶回家。後來，陸續有許多建設公司開始響應這樣的理念，無論是將香氣放在電梯、接待大廳，甚至社區的公共空間中，讓住戶在下班後回到家，不只是用視覺感受到家的溫度，更是用氣味確認：「我到家了。」香氣成為一種歸屬感的訊號，也是一種無聲的擁抱。在外奔波整天的身心，一進入這樣的空間，就像被森林輕輕包圍、被大自然悄悄接住。讓我深刻體會到，把天然香氛引入家的空間氛圍，能讓人們感到安心與舒適的幸福感。

除了建築業，許多企業、集團也加入了這段旅程。他們不只在建案中使用天然香氛，也導入到旗下的商旅與辦公空間中。許多員工回饋說，在有香氣的空間裡工作，情緒穩定多了，特別是在下雨天，一走進辦公室就像進入另一個氣候，不再是濕答答的煩躁，反而是乾爽與平靜的感受。甚至有些企業發現，在會議或討論時，有香氣的空間能夠潛移默化地安定人心，讓溝通更順暢、氛圍更柔和。這些看似微小的變化，卻在日常累積了很大的正能量。讓工作不再只是煩人的例行性公事，而是透過認同感找到對工作的使命感。

一抹香氣的感染力，
竟讓建案超前完銷

有一次，我替一間建設公司設計樣品屋的專屬香氛。沒過多久，他們的主管語氣激動地打電話給我：「妳絕對不會相信，我們這個案子竟然提前完銷！」我一邊笑一邊問：「發生什麼神奇的事了？」她說，有客戶一走進樣品屋，就說：「這裡好香喔！不是那種濃郁的香水味，是自然、舒服的味道。這家公司連氣味都這麼講究，房子應該也不會馬虎吧？」

天然香氛不像人工香味那樣張揚，它不靠強烈氣味抓住注意力，而是潛移默化地釋放出「你可以信任我」的訊號，**香氣是空間裡最安靜、卻最有力量的形象語言**。客戶也許從未學過芳療，但他們感受得出來——這空間，是有被用心對待過的。我也幫幾家飯店大廳設計天然香氛，原本只是想提升空間質感，結果意外發現，大廳裡開始多了很多人，自然而然地留下來。有的人坐著看報紙、有的聊天，有的人只是安靜地坐著什麼也不說。飯店服務人員開玩笑地說：「那味道太舒服，客人根本不想離開。」

來自診所的驚人反饋──
氣味改變了情緒

醫療院所也是我們重要的合作對象，我曾經幫好幾間醫療院所設計空間香氛。有幾家診所跟我分享，他們的候診空間原本常讓患者感到焦躁不安，在等待過程中處於情緒緊繃的狀態，每一分鐘都像拉長的橡皮筋那般，讓人心慌。

自從導入天然香氛之後，在空間裡緩緩釋放，患者情緒明顯穩定了許多。即使等待時間拉長，大家也能靜靜坐著，不再那麼容易煩躁。因為氣味除了舒緩情緒，也具有一定的淨化功能。像舒眠噴霧、空間噴霧，不僅能安定病患情緒，也讓空氣更清新，更具療癒氛圍。

其中，有間診所的反饋更有趣，他們說 Google 評論突然暴增好評，患者留言：「一進門就有種莫名的安心感，空間很舒服，完全不像在醫療院所。」有一次香氛剛好用完、忘記補，結果當天就出現了負評，患者當天因為等待時間過長而導致心情不好，

05 用嗅覺改變世界，我的香氣革命之路

就看醫師不順眼。那一刻我真的體會到——原來氣味已經悄悄變成這間診所的隱形招牌。

我幫醫療院選用純植物萃取的天然香氛，不含人工香精，氣味溫和、不刺激，能幫助自律神經平衡，也協助安撫焦躁的情緒。其實患者不一定懂這些原理，但他們的鼻子早就感受到了大自然的療癒力量。還有一位醫師和我分享，每天開診前必定親自噴灑天然香氛。她笑說：「這比我說什麼安慰的話都有效。」連護理師都觀察到，如果哪幾天忘了噴香氛，患者情緒「火力全開」的比例就特別高！天然香氛真的有一種無形又溫柔的安撫力。我也為一家醫療中心設計過客製化按摩油，讓芳療結合在療程中，藉此提升整個治療的溫度。有醫師說：「患者不只身體放鬆，也更願意敞開心聊天。」我一直相信，天然香氛就像西方的中藥，不用強烈氣味，也能深入身心，用植物的頻率溫柔轉化整個療癒空間。

氣味的改變為長者帶來療癒，
和無聲的理解

我曾經遇到一位長照中心的負責人，她的故事至今讓我記憶深刻。她原本是照護失智症長者的護理師，也是機構的管理者。在接觸天然香氛之前，她以為，醫療技術和專業流程，就是對長者最好的照顧。但在她完成了法國 IPF 天然香氛調香師的全系列課程之後，她的眼界和心靈，悄悄地打開了。她開始嘗試在機構中導入天然香氛，運用簡單的嗅吸和輕觸照護。

很快地，她發現那些曾經情緒不穩、抗拒照護的長者，在香氣中漸漸安定了，甚至開始出現眼神的交流。那不是治療，那是一種無聲的理解，一場靈魂與靈魂的對話。她還告訴我，最先被療癒的，其實是自己。長期承受高壓工作的她，在香氣的陪伴下，學會了照顧自己的情緒，找回了初心與溫柔。後來，她更進一步導入天然香氛空間系統，讓整個機構從進門的第一步開始，就充滿乾淨、溫暖、帶有自然節奏的氣息。這不只是讓場域裡的空氣變好，更讓人能夠「安心呼吸」、讓空間本身也帶有生命力的改變。

聽她說著這些轉變的過程，我心裡很感動。因為這就是我一直相信的事——香氣不只是香氣，它是讓人重新連結自己、連結世界的溫柔力量。

以往，我常在安寧病房裡，透過香氣陪伴人生終點的病患，而我自己也親身體驗過香氣的力量。疫情期間，我父親與我奶奶相隔十九天相繼離世，當時他們接受安寧照護，一度因為會客管制的緣故，使我無法時時刻刻待在父親身邊，因此我特別設計整套香氣，製作成沐浴露、按摩油、空間噴霧，這是我對父親的心意，希望爸爸聞到這個味道就知道女兒一直用無形的力量陪伴著他，而這個氣味就是最後「香伴」的一哩路，甚至在告別式上，我把這樣的香氣製成謝禮送給當天參與告別式的親朋好友，用香氣陪伴我父親及奶奶走完人生的畢業典禮。爾後，每當我聞到這個味道，就會用這樣溫暖的記憶懷念祂們。

天然香氛的力量，不只在於香氣的美好，而是它背後承載的植物療癒力與自然頻率。它不會強迫你注意它，而是默默滲進你的情緒、感官與防備，像一位溫柔的朋友，在空間裡為你創造一個

值得停留的理由。有時候，你不用多說什麼，只要讓空間聞起來「對了」，人就會留下來。天然香氛的力量，就是那種不開口，卻最能讓人感受到用心與溫度的語言。

　　不僅如此，我也開始和餐飲業合作，共同開發了「香水火鍋」。我們不是把香水倒進鍋裡，而是運用天然植物食材去打造一鍋鍋有「香氛靈魂」的湯底。像花香調，我們用菊花、玫瑰去熬煮；木質調，可能用豆蔻、肉桂這類溫潤的香料；而果香調，就直接使用新鮮水果。待湯底一滾，整個空間就是一場嗅覺盛宴。更有趣的是，我們還會使用天然發酵的酒品，例如高粱、花雕、威士忌、清酒等，加入湯頭裡，使香氣層次更豐富。甚至把各種不同的純露調配後加入調酒中，創造出嗅覺與味覺同步升級的體驗。這樣的香氛料理，不只是味道好，更是對五感的呵護與打開。民以食為天，透過「吃」的方式，讓大家與天然香氛更為親近，進而感受到蔬菜水果五穀雜糧都是來自大自然的給予。我也與餐廳合作純露調酒，將台灣當地植物萃取出的純露放入調酒中，味蕾能體驗到豐富的層次，許多人喝了之後，還以為是有酒精的花草茶，也帶來了新的感官刺激，天然香氛入菜是未來的新趨勢。

讓天然香氛成爲意識的覺醒，
和豐沛的語言

　　天然香氛能帶給人們的，是一種意識的覺醒，是一種用氣味去連結環境、情緒與人心的語言。所以，不論是在企業、建築、餐飲、醫療，甚至是未來的家具設計、居家生活，只要有空間，就有氣味的角色。而我們可以透過天然香氛，讓每一個空間不只「存在」，更能「感受」。這是一場嗅覺的革命，也是一場回歸自然的行動。天然、永續的香氛，成為我與這個世界溝通的方式，更是我幫助人與自己和解、與環境和諧的工具。在這個被資訊淹沒、步調快速的時代，我們習慣忽略「感受」；而氣味，正是一種無法被數據取代的感知。你可以戴上耳機、不看螢幕，但你無法不呼吸。這是我在世界天然香氛設計競賽獲得冠軍後，最想說的一句話：

　　「香氣，不只是一種氣味，它是一種空間的靈魂，一種情緒的語言，一種文化的載體。」

衷心希望有一天,「空間氛圍管理」能成為每個人、甚至每個企業重視的靈魂角色。當人們都活在感受裡,空間才有溫度;當企業都能重視情緒與氣味,它的品牌才會有靈魂。而我,想繼續用香氣,在這個世界的縫隙裡,播下一些記得呼吸的種子。

來自氣味覺察的禮物──
三個核心行動力

這些年來,我帶著香氣,走進家庭與教室、醫院與診所、飯店與品牌、藝術與永續的對話中,我發現:「一個人的氣味感知力,決定他與自己、與他人、與世界連結的深度。」這本書並不是教你變成調香師,也不是教你怎麼賣產品。它是一份邀請,邀請你重新回到「感受」的起點,找回身心的和諧、空間的溫度,以及品牌的靈魂。如果你願意,我想讓你從這本書中帶走這三個核心行動力:

- **情緒自我覺察**:學會用香氣辨識情緒、安定內在,建立嗅覺的覺察力。

- **空間氛圍設計**：打造有溫度、有故事、有感受的空間，讓家的味道、品牌的氣味，都成為一種身份認同。
- **感官永續思維**：運用嗅覺＋視覺＋觸覺整合設計，落實 ESG 思維與氛圍經濟，讓你所在的環境更有生命力。

這就是「氛圍力」的真正力量：它從你開始，但會影響整個世界的感受方式。

我期待有一天，當你走進任何一個空間時，不只是看見、聽見，而是聞見那份與你共鳴的情緒氣味。那一刻，你會知道：你不只是個消費者或觀眾，而是這個世界氛圍的創造者。讓我們一起練習：用香氣，好好活在當下；改變，從感受到氣味的那一刻開始，而我們就是最美好的香氣，有我們存在的地方就是氛圍滿滿的好地方。透過思維的調頻，讓自己也散發出好的能量，為周遭的有緣人帶來好的影響。

這幾年，我開始與歐洲展開更頻繁的交流，把我在台灣深耕的天然香氛跨領域應用，帶到世界的舞台上。無論是在法國的論壇

上分享空間香氛設計的案例，或在國際研討會中介紹如何將香氣與健康、教育、藝術結合，總是引來許多共鳴與驚喜的讚賞。大家都嘖嘖稱奇台灣人對於天然香氛守護地球的推廣意識原來這麼高，也看到了我們對於土地、對人性的溫柔、善良與美。這些回饋不只是鼓勵，更像是一種來自世界的回音，告訴我：這條路值得繼續走下去。

　　我相信，香氣不只是藝術，不只是療癒，更是一種能夠連結人心、喚醒內在善意的力量。在未來，我也期待能遇見更多志同道合的夥伴，無論你是設計師、教育者、醫療工作者，或只是單純熱愛自然香氣的人，讓我們一起用氣味，為這個世界帶來一點溫柔的改變。

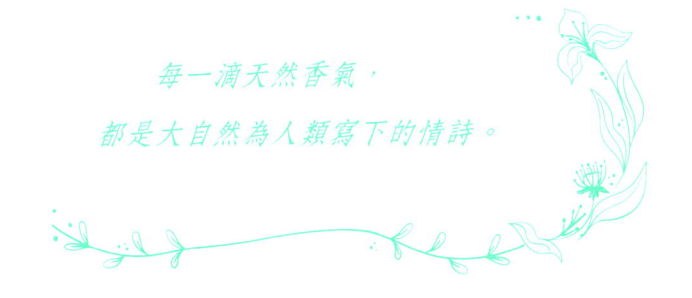

用嗅覺改變世界，
我的香氣革命之路　05

每一滴天然香氣，
都是大自然為人類寫下的情詩。

氣味覺察的
三十天練習日記

　　這套嗅覺練習源自我多年來在感官訓練、天然香氛應用與心理療癒教學的實務經驗。這不是一套硬梆梆的「科學實驗法」，而是融合以下基礎所開展的身心靈整合練習：

　　1. 感官統合訓練（Sensory Integration）：從嗅覺重新建立身體與環境的覺知連結，是當代許多身心健康工作者使用的基礎方法之一。

　　2. 天然香氛的情緒支持功能：氣味可調節自律神經系統，幫助情緒穩定、減緩壓力。這些練習將這種作用帶入日常，讓氣味成為生活的導航器。

3. 自我覺察與日記書寫法：每日練習搭配提問與記錄，是一種自我對話與感受校準的溫柔方式。

4. 課堂實證與真實回饋：本書內容來自於我多年教學的經驗，以及學員們反饋後不斷優化的版本，是一套既實用又感性的生命練習。

請將這三十天當作一場與自己五感、情緒與初心重逢的旅程，在氣味中找到你自己的節奏與方向。本練習分為三個階段，以「身（感官啟動）」、「心（情緒梳理）」與「靈（初心召喚）」為主軸。**每一天的嗅覺練習，都是一場走向內在的覺察旅程。**透過氣味，我們可以喚醒感官敏銳度、練習與情緒和平共處，並一步步靠近真正想活出的樣子。每日包含四個環節的練習：

1. 練習目標（為什麼做）
2. 操作方法（怎麼做）
3. 提問反思（覺察內在）
4. 日記撰寫（留下氣味與感受）

請準備一本屬於你的嗅覺日記，每天留給自己五分鐘，透過氣味與感官的覺醒，好好與自己相遇。若某些練習讓你特別有感，別急著走完一輪，也可以多停留幾天；甚至在完成三十天後，回過頭重新練習，你會發現，每一次的嗅覺對話，都會聞出不一樣的自己。

幸福有時不是追求來的，
是透過氣味覺察
在日常生活的瞬間發現的。

三十天的氣味覺察練習
——身心靈覺醒版 **06**

DAY.1 ✦ 氣味喚醒：聞起床後的棉被或睡衣

練習目標 | 培養嗅覺感知力，從「自己身上的氣味」開始建立氣味覺察習慣。

操作方法 | 起床後先不要離開床。靜靜地將鼻子靠近你的棉被或穿過一晚的睡衣，吸氣三至五秒，重複三次。用鼻子感受這個氣味帶來的情緒或身體感受。

提問反思 | 這個氣味讓我覺得安全？是否舒服？是熟悉還是陌生的？或是？

日記撰寫 | 請記錄「我今天從自己的棉被或睡衣氣味中聞到了什麼？它讓我意識到自己身上的味道是什麼感覺？」

DAY. 2 ✦ 嗅覺地圖：街頭氣味散步

練習目標｜打開對外界氣味的感受力，訓練對於氣味的辨識與連結能力。

操作方法｜出門時或是回家的路上，用十五至三十分鐘，專注地感受每個店家的氣味或是每條路及巷道的氣味。每遇到一個氣味明顯的點（例如早餐店、花店、加油站），停下來用鼻子深吸一次（請注意安全，別停在大馬路上），觀察感受，最少記錄五個氣味點。

提問反思｜我在哪個地點聞到的氣味最舒服？哪一個讓我想逃開？這些反應代表什麼？

日記撰寫｜畫出一張今日的「氣味地圖」，標上氣味點並描述感受，總結一句：「我今天的世界，聞起來像……」，體會每天習慣走的路上有這麼多的氣味故事。

三十天的氣味覺察練習
—— 身心靈覺醒版

DAY.3 ✦ 氣味寫生：畫出今天聞到的味道形狀

練習目標｜將氣味從感覺轉化為視覺表達，訓練對於氣味的抽象感受力。

操作方法｜選擇今天最令你印象深刻的一種氣味。閉眼聞十秒後，用筆畫出這個味道的形狀、邊緣與流動感。在筆記本上。可使用線條、色彩或抽象符號。

提問反思｜這個氣味的形狀是否反映了我的內在狀態？

日記撰寫｜完成後寫下「我把這個氣味畫出來，是因為它讓我感覺……。」

DAY.4 ✦ 五感同步：喝茶時觀察嗅覺與味覺的連結

練習目標｜整合嗅覺與味覺的協同覺察，提升味道的敏銳度。

操作方法｜準備一杯熱茶或咖啡，找個位子坐下，不說話。先用鼻子深聞五秒，再啜飲一口，含在口中五秒後吞下。重複三次，觀察味道變化與感受層次。

提問反思｜這氣味與味道之間，有連貫還是衝突？它帶來的感受有變化嗎？

日記撰寫｜記錄「我今天透過喝這杯茶，發現我的感官告訴我⋯⋯。」

DAY.5 ◆ 氣味抽屜探險：發現被遺忘的生活氣味

練習目標 ｜ 透過氣味打開生活細節的感知，連結記憶與情緒。

操作方法 ｜ 打開三至五個你平常很少開的抽屜（例如書桌、衣櫃、工具箱）。每次打開後，先不要看內容，先深吸氣，觀察氣味。記錄下你對每個抽屜的氣味感受。

提問反思 ｜ 哪一個氣味最讓我意外？它讓我想起什麼畫面或人？

日記撰寫 ｜ 列出「今天抽屜裡的氣味發現」並總結：「我發現自己其實遺忘了……。」

DAY.6 ✦ 沐浴氣味覺察：洗髮與沐浴乳的對話

練習目標｜將嗅覺帶入日常儀式，強化自我照顧與身體連結。

操作方法｜洗澡前先單獨聞洗髮精與沐浴乳，描述各自的氣味特質。洗頭與洗身體時分別觀察情緒與身體感受。洗完後，寫下哪一個氣味讓你感覺更被照顧？

提問反思｜我對香氣的選擇，其實是怎麼看待自己的一種表現？

日記撰寫｜記錄今天洗澡時的香氣體驗，寫下「我願意更溫柔地對待自己的方式是……。」

DAY.7 ◆ 嗅覺角色測試：今天我是哪種味道的人？

練習目標 ｜ 用氣味投射自我角色形象，啟動內在觀察。

操作方法 ｜ 從家中或香水或精油挑出三種完全不同風格的氣味。閉眼聞過後，挑一種最像今天的自己。給這個味道取一個角色名，例如：「午後懷舊詩人」或「陽光冒險家」。

提問反思 ｜ 我選的這個氣味角色，是我平常會讓別人看到的樣子嗎？

日記撰寫 ｜ 寫下「今天我的氣味人格是⋯⋯，我選擇這個角色，是因為⋯⋯。」

DAY.8 ✦ 夜間氣味冥想：窗邊的寧靜味道

練習目標 ｜ 訓練夜晚的氣味感知，建立與自己對話的空間。

操作方法 ｜ 晚上九點後（睡前的夜深人靜時刻），關掉手機與聲音。坐在窗邊或陽台，閉眼深呼吸三分鐘，只專注聞空氣中的氣味，觀察氣味的變化與你內在的感受。

提問反思 ｜ 這個夜晚的味道是放鬆的？壓抑的？緊張的？我內心現在的聲音是什麼？

日記撰寫 ｜ 寫下「今晚，我從夜裡的氣味中聽見了⋯⋯。」

DAY.9 ✦ 空間氣味觀察：房間四角的氣味能量

練習目標 ｜ 觀察氣味如何與空間能量互動，建立對於環境的感官敏感度。

操作方法 ｜ 走到房間四個角落，分別靜靜聞氣味十秒。記錄每個角落的味道是否不同、是否舒服？覺察身體對每一處的感受。

提問反思 ｜ 哪個角落讓我想留下？我是否長期忽略某些能量死角？

日記撰寫 ｜ 畫出房間簡圖與氣味分布，寫下「我最需要照顧的角落是……。」

DAY.10 ✦ 氣味記憶之門:一生中最深刻的一個味道

練習目標 | 透過記憶中最強烈的氣味連結,喚起情感根源。

操作方法 | 半躺在沙發或床上(放鬆的姿勢即可)閉上眼睛,問自己:「我這輩子最難忘的一個味道是什麼?」不需要真的聞到,光用想像讓這個味道出現,重現那段記憶與氣味連結的畫面。

提問反思 | 這個味道為什麼深刻?它是否與我一段情感創傷或美好經驗有關?

日記撰寫 | 寫下「這個味道提醒了我……,我現在想對過去的自己說……。」

DAY.11 ✦ 嗅覺日記：從照片找到自己感動的香氣記憶

練習目標｜學會辨認氣味與記憶的共振，建立自我覺察力。

操作方法｜從手機裡選出最讓你感動的一張照片。把這張照片用五種氣味形容它（咖啡或是茶的氣味也可以）。注意氣味是否讓感動擴大？

提問反思｜哪些氣味讓我喚醒感動的感覺？氣味在我的情緒中扮演什麼樣的角色？

日記撰寫｜寫下「今天我發現讓我感動的氣味是……。」並反思一種你未來想靠哪種氣味提升對生命的熱情。

DAY.12 ✦ 情緒香氣配對：為今天的心情選一抹香

練習目標｜學習以氣味對應當下情緒，為內在情緒找到出口。

操作方法｜在你最有感受的一個情緒高峰（例如剛上班時，覺得特別浮躁），從手邊挑三種香氣（可以是精油、咖啡、茶）。聞過之後，選出最貼近你心境的氣味。讓這個氣味至少陪伴你三至五分鐘（這段期間可以泡杯茶或手沖一杯咖啡，或噴灑香水在手腕上）。

提問反思｜這個氣味和我目前的感覺一致嗎？它是否在支持我轉化當下的情緒？

日記撰寫｜記錄「我今天選擇的氣味是⋯⋯，它讓我情緒變得⋯⋯。」並寫下一句送給自己的話。

DAY.13 ✦ 童年味道拼圖：找回遺落的自己

練習目標	童年味道拼圖：找回遺落的自己
操作方法	想像童年記憶最鮮明最幸福的畫面，尋找與之相關的氣味（不是真正的聞到，是在記憶中有聞到，例如橘子皮、陽春麵、棉被、泡麵……）。在腦海中聞到時，閉上眼睛讓畫面完整出現，帶著幸福的心情記錄下畫面中有哪些氣味。
提問反思	我是否還保留著孩提時期的純真？我從這段記憶中想取回什麼？
日記撰寫	寫下「這個童年的味道提醒我……，我想對小時候的我說……。」

DAY.14 ✦ 氣味角色交換：當我用別人的香味過一天

練習目標｜體驗他人世界的氣味視角，打破慣性自我認知。

操作方法｜和朋友或家人交換每天常用的香氣（例如換咖啡包或是香水），一整天不要使用原本的氣味，只使用交換的那個香氣。觀察你在他人氣味中展現的樣貌。

提問反思｜我喜歡這個氣味嗎？它放大了我哪一面？隱藏了我什麼？我與別人的嗅覺角度哪裡不一樣？

日記撰寫｜寫下「今天，我體驗了某某人的氣味版本。我發現我也有……的一面。我更體會到某某人的香氣記憶是什麼？」

DAY.15 ✦ 氣味情緒詩：用香氣寫首短詩

練習目標 ｜ 練習用詩意語言轉譯情緒，創造嗅覺的文字出口。

操作方法 ｜ 挑選一個香氣作為靈感。聞香一分鐘後寫一首三至五行的自由詩（別在意寫得好不好，只要真實地表達感受）。詩裡要出現一個情緒詞、一個畫面與一個轉折（例如：有點溫柔得太過分，像一封沒寄出的情書，悄悄開在心頭。當玫瑰的香氣一靠近，我就想哭，不是難過，是太久沒被這樣好好愛過了……）。

提問反思 ｜ 我把這個情緒寫出來，是因為我需要它被誰聽見？

日記撰寫 ｜ 寫下你為自己寫的那首詩，並在最後寫一句：「這是我今天情緒的香氣備忘錄。」

DAY.16 ✦ 氣味對照鏡：我與不喜歡的味道

練習目標 ｜ 學會面對內在抗拒，從氣味中認識自己的負面情緒。

操作方法 ｜ 找一個你不喜歡的氣味（例如樟腦丸、某款精油、老衣櫃味）。聞三至五秒後寫下第一個反應。換個角度：如果這個味道是一個人，那他想說什麼？

提問反思 ｜ 為什麼我排斥它？這氣味是否投射我不願意面對的某部分？

日記撰寫 ｜ 寫下「我願意用新的眼光看待⋯⋯的味道，它可能在提醒我⋯⋯。」

DAY.17 ✦ 氣味情緒溫度計：記錄情緒的高低起伏

練習目標｜透過氣味觀察每日情緒波動曲線。

操作方法｜每三小時設定一次提醒，接著寫下：我現在的情緒是？聞一個香氣，觀察是否能緩和或放大那個情緒。比對一天中情緒與氣味的互動。

提問反思｜我在一天的哪個時段最容易情緒不穩？是否能用氣味替自己預防？

日記撰寫｜畫一張今日情緒溫度曲線，並寫下「哪一個氣味幫我穩住了自己？」

DAY.18 ✦ 感謝生命中的人間煙火味：為三種氣味寫感謝卡

練習目標 ｜ 強化正向情緒與氣味記憶的連結。

操作方法 ｜ 想想過去三天中，哪三個氣味對你產生正面影響，不一定是具體的什麼味道，並且為每個氣味寫一句感謝詞或一段文字。如果可能，將其中一個香氣實際送給某人。

提問反思 ｜ 我更願意記住什麼樣的氣味？它們代表了我想保有的哪種人生狀態？

日記撰寫 ｜ 記錄「我今天最想感謝的三個氣味是⋯⋯，它們帶給我⋯⋯。」

DAY.19 ✦ 關係中的氣味記憶

練習目標｜從氣味中重新看見一段關係的本質。

操作方法｜想一位對你來說很重要的人，回憶他／她身上的味道。如果可能，找一種類似的香味來聞，重溫與那人有關的氣味故事。

提問反思｜這段關係中我學到了什麼？這個氣味是否仍留在我身上？

日記撰寫｜寫下「我記憶中的他／她，聞起來像⋯⋯，這段氣味故事讓我懂得⋯⋯。」

DAY. 20 ✦ 自我蛻變氣味包

練習目標 | 整合過去練習成果,為自己設計專屬的情緒香氣配方。

操作方法 | 想一想你最近常出現的情緒(例如疲憊、挫折、失去方向……)。從你熟悉的香氣中選出兩至三種能支持你、安慰你、讓你重新有力量的香味。寫下這三種氣味並搭配一句鼓勵自己的話。

提問反思 | 這三種氣味是怎麼與我共鳴的?如果它們是心理諮商師,它們會對我說什麼?

日記撰寫 | 寫下「這是我為當下的自己準備的香氣處方籤,它讓我記得我擁有……,讓我有足夠的力量可以蛻變。」

DAY.21 ✦ 氣味靜心：傾聽內在聲音

練習目標｜用氣味建立靜心的空間，練習安住於當下，專心地觀察內在聲音。

操作方法｜選擇一種讓你有安全感的香氣（例如乳香、岩蘭草或橙花），接著坐在安靜的角落，聞香三分鐘，並專注於呼吸與氣味。全程不說話，觀察氣味與內心產生什麼對話。

提問反思｜此刻我內心最需要的是什麼？我聽見了什麼情緒或訊息？

日記撰寫｜寫下「我在靜下來的氣味中，聽見了⋯⋯。」

DAY. 22 ✦ 餐前嗅覺儀式：感謝與連結

練習目標｜練習在平常建立「感謝與連結」的嗅覺儀式，好好感受生活的溫度。

操作方法｜在吃飯前，靜下來聞一聞餐桌上所有食物的氣味。停留三分鐘，只用鼻子感受食物的溫度、辛香、酸甜等氣味線索。想想：這些食物從哪裡來？經過誰的手？

提問反思｜我吃進的不只是食物，還有什麼？我今天最想感謝的是什麼人事物？

日記撰寫｜寫下「今天，我從餐桌上的氣味感受到⋯⋯。」

DAY.23 ✦ 嗅覺與藝術：我的氣味作品是什麼

練習目標｜將氣味視為藝術的媒介，重新定義「人生風格」。

操作方法｜參觀一次藝術展，或觀察一幅畫、一首詩或一段音樂。問自己：「如果這件作品有氣味，它會是什麼？」再問自己：「如果我的人生是一件氣味作品，它聞起來像什麼？」

提問反思｜我願意讓人記得我生命的哪種氣味特質？

日記撰寫｜寫下「我希望我的人生作品，聞起來像⋯⋯，因為⋯⋯。」

DAY.24 ✦ 氣味寫詩：喚醒渴望

練習目標｜用氣味觸動渴望，透過詩的方式對話內在。

操作方法｜聞一種讓你心動的氣味（花香、水果、茶香、人、寵物皆可）。用自由詩或三行詩寫下這個氣味讓你想起的渴望。不需修辭精美，只要書寫誠實。

提問反思｜這個氣味讓我想起什麼未完成的夢？它是否喚醒我真正在意的事？

日記撰寫｜寫下「我真正渴望的，也許是……，這個氣味提醒了我……。」

DAY.25 ✦ 夢與嗅覺：找回遺忘的初衷

練習目標｜結合氣味與夢境，尋找被遺忘的初衷與方向。

操作方法｜睡前選一種能讓你安心的香氣，滴在枕頭或衣領上。入睡前問自己一個問題：「我曾經想成為怎樣的人？」隔天醒來後，即刻寫下夢境片段與氣味間的關聯（如果都沒做夢，就要多試幾次了）。

提問反思｜夢裡出現的場景或感覺，是我內在想提醒我的嗎？

日記撰寫｜寫下「我夢裡遇見了⋯⋯，這個氣味把我帶回了⋯⋯讓我想起⋯⋯。」

DAY.26 ✦ 氣味與日常：在細節中重啟熱情

練習目標｜從微小氣味中重新找到生活熱情與存在感。

操作方法｜今日刻意放慢節奏，留心五個你從未留意的日常氣味（電梯裡、書本邊、手心汗味、雨後空氣……）。每聞一個氣味，就停下來問它一句話：「你想提醒我什麼？」

提問反思｜今天哪一個氣味，讓我想起自己其實還有渴望？

日記撰寫｜寫下「我從日常的氣味中，看見自己遺忘的⋯⋯。」

DAY. 27 ✦ 氣味時光機：我想成為的人

練習目標 ｜ 用氣味連結生命故事的軌跡，釐清過去與未來的渴望。

操作方法 ｜ 聞一個會讓你回到青春、學生時代或初戀的氣味。閉上眼睛進行三分鐘嗅覺回溯，讓畫面湧現。試問自己：「當年的我，有什麼夢想？」

提問反思 ｜ 這個夢想今天還重要嗎？它變了嗎？還有可能嗎？

日記撰寫 ｜ 寫下「我曾經想成為⋯⋯，我今天是否還願意為它努力？」

DAY. 28 ✦ 人與人的氣味互動

練習目標 ｜透過香氣與他人建立情感回饋，察覺自己帶給別人的能量。

操作方法 ｜找一位親近的人（家人、伴侶、朋友）。請他聞你今天選的香味（或是為他手沖的一杯茶或咖啡），並請他說出第一個印象與感覺。只需要傾聽對方，不用解釋。

提問反思 ｜我在他人眼中的氣味，是我想傳遞的嗎？

日記撰寫 ｜寫下「今天我透過氣味讓別人感覺到⋯⋯，這讓我重新理解自己原來傳遞了⋯⋯的訊息。」

DAY. 29 ✦ 氣味與使命感

練習目標｜將氣味轉化為意念的媒介，為人生定頻。

操作方法｜選一種最像你個性的香氣（例如溫柔？果斷？豐盈？）聞著它，想像它代表的「你」，正在為這世界帶來什麼能量。感受三分鐘後寫下答案。

提問反思｜如果我是一種氣味，我存在的價值與功能是什麼？

日記撰寫｜寫下「我是一種……的氣味，我願意為世界帶來……。」

DAY.30 ✦ 靈魂氣味藍圖：我希望我的人生聞起來像……

練習目標 ｜ 整合三十天的練習，創造一個專屬於自己的氣味人生主題。

操作方法 ｜ 回顧前二十九天的筆記，挑出五個最觸動你的氣味，並且為這五個氣味設定意義與關鍵詞，將它們組合成一組「靈魂氣味藍圖」。

提問反思 ｜ 我的氣味故事告訴我，我是誰？我正在往哪裡走？

日記撰寫 ｜ 寫下「我希望我的人生，聞起來像……，因為……。」

完成這三十天的氣味覺察練習後，你可能發現有些過程不如預期順利，有些題目甚至讓你卡關或不知從何開始。沒關係，這本來就是一場需要反覆練習的旅程。你可以跳過，也可以回頭重來，沒有所謂對或錯的路徑。

但最重要的是，別忘記讓自己打開心去「感受」，因為「感受」是重要的能量開關。當你願意去感受，能量才會啟動，改變也才有可能發生，讓氣味覺察為你生活的各個面向帶來正向改變吧！

來自氣味的禮物：
八款香氛御守

恭喜你完成了三十天的嗅覺練習！當感官被喚醒，我們便能透過「嗅覺」去「聽見」香氣的聲音——那是一種溫柔的提醒，喚起內在早已存在的能量。能量不必外求，透過持續練習便能甦醒，如同置身美景之中，若沒有欣賞美的眼光，也難以感受其中的詩意。劉軒在他的著作《Get Lucky！助你好運》書中提到：「幸運來了，你也得有能力接住它。」若我們的心未曾敞開，再多幸運也會悄然流走。這八款御守香氣，蘊藏著文化中代表幸運的氣味。完成了三十天的練習，你的感官已準備好接收，現在，是時候迎接屬於你的幸運。

三十天的氣味覺察練習
—— 身心靈覺醒版 06

✦ 1 ✦ 平安香氛御守

|配方| 岩蘭草 × 杜松果 × 乳香 × 澳洲尤加利

這款香氣沉穩而且具有守護力。岩蘭草安撫不安情緒，杜松果清理混濁能量，乳香則象徵神聖的保護，澳洲尤加利帶來清新與淨化感。當生活風起雲湧、內心動盪時，它如同古老森林的氣場，為你築起一道安穩的結界，溫柔地引你回到內在的寧靜核心。

✦ 2 ✦ 健康香氛御守

|配方| 迷迭香 × 薰衣草 × 玫瑰天竺葵 × 葡萄柚

健康是身心協調與能量流動的狀態。迷迭香喚醒清晰的思緒，薰衣草放鬆神經、釋放壓力，玫瑰天竺葵平衡內分泌與情緒，葡萄柚則注入清新與活力。這款香氣適合日常保養、調節壓力與提升代謝，讓你的每一次呼吸都成為身心修復的自然補給。

✦ 3 ✦ 幸運香氛御守

|配方| 玫瑰草 × 檸檬 × 丁香花苞 × 依蘭依蘭

這款香氣如同命運輕聲說：「機會來了，準備好了嗎？」玫瑰

草靈活自如，助你應對各種情境；檸檬喚醒清晰判斷與行動力；丁香花苞增強表達與魅力，讓你在關鍵時刻被看見；依蘭依蘭則溫柔陪伴你面對未知與變動。當頻率對了，幸運自然來敲門，這瓶香氣幫你對齊那個剛剛好的時刻。

✦ 4 ✦ 愛情香氛御守

|配方| 肉桂 × 沉香醇百里香 × 依蘭依蘭 × 甜橙

這款香氣是一場溫柔又熱情的情感舞曲。肉桂喚醒愛的自信與吸引力，沉香醇百里香賦予你敞開心房的勇氣，依蘭依蘭陪你走過親密中的不確定，甜橙則讓你自在地做自己、綻放本色。愛情從來不是討好，而是敢於真誠與連結。讓這瓶香氣，帶你回到那個敢愛、敢被愛的自己。

✦ 5 ✦ 學業香氛御守

|配方| 迷迭香 × 玫瑰天竺葵 × 薄荷 × 佛手柑

這款香氣為頭腦打開清晰通道，迷迭香提升創造力與邏輯思維，玫瑰天竺葵穩定情緒、維持內在平衡，薄荷提神醒腦、加強

專注力，佛手柑則在放鬆中保持清明狀態。適合學習、閱讀、簡報或企劃前使用，讓你在穩定節奏中高效輸出，專注與靈感自然流動。

✦ 6 ✦ 工作香氛御守

|配方|薰衣草 × 黑胡椒 × 沉香醇百里香 × 快樂鼠尾草

這款香氣為你在壓力與目標之間建立穩定節奏。薰衣草帶來包容與情緒穩定，黑胡椒在混沌中釐清方向，沉香醇百里香提供持久耐力，快樂鼠尾草則幫助你看見前方的清晰路徑。當你需要專注、突破或扛起責任時，它是你沉穩前行的能量助力。

✦ 7 ✦ 金錢香氛御守

|配方|甜橙 × 依蘭依蘭 × 檜木 × 玫瑰天竺葵

這款香氣幫助你與金錢建立正向連結。甜橙帶來財富自由的喜悅頻率，依蘭依蘭解除對金錢的不安與匱乏感，檜木象徵穩定收入與執行力，玫瑰天竺葵則協助你在收與支之間找到平衡。當你願意打開接收、放下焦慮，金錢自然會循著能量的流動向你靠近。

✦ 8 ✦ 人緣香氛御守

|配方|甜馬鬱蘭 × 薰衣草 × 玫瑰草 × 澳洲尤加利

這款香氣像是一抹溫柔的微笑，自然拉近彼此距離。甜馬鬱蘭溫暖親切，讓人不自覺放下防備；薰衣草散發包容氣場，適合各種互動情境；玫瑰草靈活轉換語意，讓你溝通自如、應對得宜；澳洲尤加利則帶來讓人信任的好感。適合初次見面、社交聚會或任何你想展現親和力的時刻。

溫馨提醒，請選擇來源安心的天然香氛進行調製，每款精油比例不限（每個御守裡的四種精油，可以按照喜歡的味道調整配方比例）。調製成複方精油之後，即可拿來薰香、泡澡，或加入無香的身體用乳液／乳霜、無香護手霜裡。舉例來說：每 10 毫升的無香乳液可滴入 6 滴，如此精油濃度約 3%（留意不得高於 3%），以此類推。若為孩童使用，建議濃度控制在 0.5% 以下，不論是哪款精油都禁止口服，請務必安全使用。更多調製資訊，可參考我的兩本前作《純天然精油保養品 DIY 全圖鑑【暢銷增訂版】》《純天然精油日用品 DIY 全圖鑑》！

三十天的氣味覺察練習
—— 身心靈覺醒版 06

當你真的聞得見生活,
世界就開始悄悄地回應你了。

氣味覺察

以嗅覺之鑰打開改變人生的香氛密碼，
重整身心能量、人際關係、空間氛圍，開啟宇宙智能！

作　　　者：	陳美菁 Kristin Chen
封 面 設 計：	Dinner illustrationr
內文設計、排版：	王氏研創藝術有限公司
責 任 編 輯：	蕭歆儀

總　編　輯：	林麗文
副 總 編 輯：	賴秉薇、蕭歆儀
主　　　編：	高佩琳、林宥彤
執 行 編 輯：	林靜莉
行 銷 總 監：	祝子慧
行 銷 企 畫：	林彥伶

出　　　版：	幸福文化出版社／遠足文化事業股份有限公司
地　　　址：	231 新北市新店區民權路 108-1 號 8 樓
電　　　話：	(02) 2218-1417
傳　　　真：	(02) 2218-8057

發　　　行：	遠足文化事業股份有限公司（讀書共和國出版集團）
地　　　址：	231 新北市新店區民權路 108-2 號 9 樓
電　　　話：	(02) 2218-1417
傳　　　真：	(02) 2218-1142
客 服 信 箱：	service@bookrep.com.tw
客 服 電 話：	0800-221-029
郵 撥 帳 號：	19504465
網　　　址：	www.bookrep.com.tw

法 律 顧 問：	華洋法律事務所 蘇文生律師
印　　　製：	博創印藝文化事業有限公司

出版日期：西元 2025 年 6 月初版一刷
定　　價：420 元

國家圖書館出版品預行編目 (CIP) 資料

氣味覺察；以嗅覺之鑰打開改變人生的
香氛密碼，重整身心能量、人際關係、
空間氛圍，開啟宇宙智能！／陳美菁著.
-- 初版. -- 新北市：幸福文化出版社出
版：遠足文化事業股份有限公司發行，
2025.06
　面；　公分
ISBN 978-626-7680-24-7(平裝)
1.CST: 香精油 2.CST: 芳香療法
3.CST: 情境效應

466.71　　　　　　　　　114004971

書　號：0HDB0029
ISBN：9786267680247
ISBN：9786267680278 (PDF)
ISBN：9786267680261 (EPUB)

著作權所有・侵害必究
All rights reserved

【特別聲明】有關本書中的言論內容，不
代表本公司／出版集團之立場與意見，
文責由作者自行承擔

幸福
文化